中华麋鹿故事

蔡家奇　编著

华中师范大学出版社

新出图证（鄂）字 10 号

图书在版编目（CIP）数据

中华麋鹿故事/蔡家奇编著. —武汉：华中师范大学出版社，2021.6
ISBN 978-7-5622-9463-4

Ⅰ．①中…　Ⅱ．①蔡…　Ⅲ．①麋鹿—介绍　Ⅳ．①Q959.842

中国版本图书馆 CIP 数据核字（2021）第 129563 号

中华麋鹿故事

ⓒ蔡家奇　编著

责任编辑：刘满元	责任校对：刘少玲　骆　宏	封面设计：胡　灿
编辑室：高等教育分社	电话：027-67867364	

出版发行：华中师范大学出版社有限责任公司

社址：湖北省武汉市洪山区珞喻路 152 号	邮编：430079

销售电话：027-67861549

网址：http://press.ccnu.edu.cn	电子信箱：press@mail.ccnu.edu.cn
印刷：武汉市洪林印务有限公司	督印：刘　敏
开本：710mm×1000mm　1/16	印张：14.25　　　字数：170 千字
版次：2021 年 7 月第 1 版	印次：2021 年 7 月第 1 次印刷
定价：69.00 元	

欢迎上网查询、购书

《中华麋鹿故事》编委会

主 任：蔡家奇

副主任：黎 明 蔡 干 张新桥

编 委：明 月 杨 倩 明 梓

序 一

麋鹿的故事，我喜欢听

世界上的动物千万种，故事万千，能够像麋鹿这样奇特、神秘、优美的，着实不多。

讲好一种动物的故事，需要有心人去搜集、整理、传播。蔡家奇就是痴迷的麋鹿故事发现者、采辑者和讲述者。

读到《中华麋鹿故事》书稿，我的心怦然一动，这正是我想寻觅的东西！果然有人做了！

童年记忆里，有"四不像"。那是长辈们讲的，讲故事的人没见过"四不像"，内容也是朦朦胧胧。反正是知道了世界上有这么一种奇兽，既不像这又不像那，却又既像这又像那。

曾经在中国大地上灭绝的麋鹿，改革开放后从英伦引来，并且在湖北的长江故道边建立了保护区。做新闻的我，一直关注着麋鹿的命运。1998年大洪水时，我在夜班天天处理一线记者发回的稿件，看到麋鹿被滔天洪水逼至残堤一角的照片，好长时间不能放下。我想跟踪麋鹿，做长期拍摄。退休后终于如愿以偿，这一拍就是经年。

麋鹿的传说，散在古籍之中，搜集颇费周折。有些传说堪称奇谈，比如姜子牙的坐骑即是非驴非马非牛的麋鹿；从周朝至秦汉沿袭下来，就有皇室猎苑，麋鹿为猎物至尊；乾隆皇帝的身世竟与麋鹿有关，他还撰写过"论文"《麋角解说》，感慨："天下之理不易穷，而物不易格，有如是乎！"用一个知错就改的故事警示了无数的后人。

麋鹿由灭绝到重生，经历了许多曲折，其间发生了许多令人称奇的故事。比如，从科学角度发现麋鹿这一物种的，是一个法国传教士，麋鹿命名用的就是他的名字——大卫鹿。在英国乌邦寺有个家族，是麋鹿的拯救者，四代公爵为麋鹿重回原生地中国，殚精竭虑。被誉为"麋鹿使者"的玛雅女士，亲手送麋鹿回到中国，她此后一生在中国度过，她给自己取了个美丽的中国名字——冰雪玉，逝后安眠在麋鹿的国度。

好多好多的故事，你都可以在家奇先生的这本书里读到。

家奇先生在保护区负责宣教工作，低调、随和，从不显摆。相处时间久了，才发现他是一位充满情怀和浪漫的诗人，并且写得一手好书法。保护区那间小寝室，占地最大的就是一张驰骋想象的书桌。

我可以想见，无数个盛夏的夜晚，耳边萦绕蛙鸣蝉吟，他在故纸中寻觅；无数个严冬，他不介意窗外北风呼号，伏案抚键，字斟句酌，润色每一个麋鹿故事。

保护区的所在，是长江自然改道后遗留下的古河道，原本是一片沼泽地和茂密的芦苇荡。距离最近最繁华的地方，是柴码头村。此处有个名叫"新码大酒店"的餐馆，我们曾一起在此小酌。因为新冠疫情影响，"新码大酒店"的服务人员裁员一半，由两人减为一人。

出于新奇和探秘，到这里待个一两天，或者再多几天，一般没太大问题。但是，要长年累月在此，可不是一般的孤独与寂寞。在这个喧嚣与浮躁的世界，心静如斯，默守如斯，是必须有几分执念和痴迷的。

家奇先生有这般心境和执着。他当过记者，教过书，来保护区前是有仕途前程的党政干部。我问他对如此选择的想法，他非常平静实在地说，选择自然，我习惯了，没有后悔，蛮喜欢，蛮好。

这样的心迹，他在他的诗里也有坦露：世风，刮得太猛/听人说有冰雹挟裹/单薄的我寻找避风港，画自己/因为缺乏立身的坐椅/于是在那个风雪交加的晚上/我把自己画成了一只麋鹿/站在风中……这是《我把自己画成了一只麋鹿》中的诗句。在《麋鹿给了我奢侈的平静》的诗里，他是这样写的：那些放纵过我的时间，因你开始节制……从那时起，我就坐在夕阳边上/与你交流，抚摸通情达理的你……多么奢侈啊，在越来越平静的心思里/你强按住了我的狂躁/远离波涛，我和你激情相吻……感谢你/在广袤的长江边岸/湿地为我们佐证/我们将共享这份平静/坐等天明。

这样奢侈的平静，我也想拥有，但真正能得到其实很难。我以后的日子，只想做一个纯粹的生态摄影人，然而，我怀疑自己的定力。

家奇先生是有故事的人。他讲的故事，我愿意听，尤其是麋鹿的故事，我更喜欢听。

雷　刚

2021 年 4 月谷雨日于石首天鹅洲

（雷刚，男，汉族，河北南宫人，大学学历，文学学士学位，原湖北广播电视台总编辑、湖北省政协文史和学习委员会副主任，现任湖北省摄影家协会秘书长。）

序　二

邀麋鹿作伴　与自然为伍

"晚天萧索，断蓬踪迹，乘兴兰棹东游。三吴风景，姑苏台榭，牢落暮霭初收。夫差旧国，香径没、徒有荒丘。繁华处，悄无睹，惟闻麋鹿呦呦。"宋朝的柳永在《双声子·晚天萧索》提到了夫差旧国的荒凉和麋鹿的种群繁盛，也经典地展示了麋鹿游姑苏台的亡国故事。古人站在自我的忧伤情感层面上，描述了关于麋鹿的优美情节，古人关注麋鹿，现代"麋鹿人"更加关注麋鹿。石首麋鹿国家级自然保护区蔡家奇先生作为保护区自然教育工作负责人，从自然的角度培植了自然教育的课堂因子，也从历史的过往中搜集整理麋鹿的故事，支撑了麋鹿与人类息息相关的曲折经历，期以引导人们领会生物生生不息、相互依存的辩证哲理。

本人作为从事麋鹿研究与保护已逾35年的老人，曾于多年前接触了颇有故事情节的蔡家奇先生，当他发给我《中华麋鹿故事》文稿时，我十分惊讶，在他请我为《中华麋鹿故事》一书作序的过程中，我似乎看到了一个麋鹿保护者的另一番良苦用心。

麋鹿作为中国特有的国家一级重点保护野生动物，促其回归故里，使其重返自然，是自然保护工作者努力的方向，承载着国家对麋鹿保护的希望。石首麋鹿保护区建立于1991年，后经国务院批准为国家级自然保护区。至此，麋鹿在原生地恢复自然种群的希望开始播种、生根、发芽，现已长出一株幼嫩的小苗。蔡家奇先生在自己的工作经历中，也成了一名麋鹿保护"自然人"，并有了自己的自然名"迷路麋鹿"，从此沉湎在曾经"迷路"的麋鹿故事里，寻找自然的、生态的故事。

为增强人们对麋鹿的了解，提高对麋鹿保护的认识，加大麋鹿保护的宣传力度，蔡家奇先生不断加大对麋鹿的历史、文化、人文、科普等专业方面资料的搜集工作，系统地整理了麋鹿相关的传奇、寓言、生活习性及保护方面的资料，从传奇典故、哲理寓言、荆楚链接等五个方面，注重知识性和趣味性的结合，结集介绍麋鹿的传奇经历、坎坷命运和保护方面的人文、哲理、习性方面的轶事。此书出版的目标指向非常明晰，用故事的吸引力来催发读者对麋鹿从远古到现代的深思、理解和哲理辨别，这就是一种高度，也是一个麋鹿保护工作者深度思量后的结果。

麋鹿作为自然界的物种，曾因人而导致种群变化，与之伴生的经典故事也给过往者留下了太多的记忆。《中华麋鹿故事》没有固化对麋鹿整个历史的认识，而是关注麋鹿的曲折身世，宣传麋鹿与中国传统文化的紧密联系和发展融合，展示关于麋鹿神话的内容，也讲述了麋鹿与人类因生活、情感、处世等赋予生活方面的哲理故事。书中讲述了麋鹿的生活与生理特性，介绍了麋鹿生活中一些鲜为人知的故事，推出了拯救麋鹿过程中的几个重要节点，宣传了人类为拯救和保护麋鹿而做出的努力，并介绍了麋鹿与"云梦古泽"及荆楚区域所发生的关于考古、科研、科普等方面的人文轶事。内容脉络清晰，分类系统准确，文化特性明显。

传奇不是历史，神话不是过往，现代没有遗忘。《中华麋鹿故事》结集出版是麋鹿保护者对麋鹿认识的过程，是在保护过程中总结出的正能量的体现，是麋鹿在社会元素中集聚的积极因素的展示，是麋鹿保护生态观念的萌发。了解麋鹿，认识麋鹿，感悟保护麋鹿的作用与意义是一个漫长的过程，更需一个系统的操作模式。《中华麋鹿故事》结集出版，只是这个系统中一个生态教育的展示方式。人和自然的相处，类似于人与人的相处，从斗争、博弈，再到平衡、和谐，我们在故事的情节中树立这种生态观念才是最高目标。

生态文明建设的总体布局和"长江大保护"的有效推进，为麋鹿、江豚等野生动物保护创造了"前无古人，后无来者"的历史机遇。"天地与我并生，人与自然和谐"，作为麋鹿研究者、保护者，我们可期、渴盼的"和谐"之境将在"邀麋鹿作伴，与自然为伍"的声浪中呈现。

2021 年 4 月 18 日

前　言

　　本书从中国古代麋鹿典故、麋鹿哲理寓言、拯救麋鹿故事、麋鹿观察保护、荆楚链接·麋鹿五个部分，全面介绍了麋鹿的传奇经历、坎坷命运和保护方面的人文、哲理、习性方面的轶事。第一部分：讲述麋鹿的曲折身世，宣传麋鹿与中国传统文化的紧密联系和发展融合细节，展示有史以来关于麋鹿神话的内容。第二部分：讲述麋鹿与人类因生活、情感、处世等赋予生活方面的哲理故事。第三部分：介绍拯救麋鹿过程中的几个重要节点和几个起决定作用的重要人物，宣传人类为拯救麋鹿而努力的故事。第四部分：普及麋鹿的生活与生理特征，介绍麋鹿生活中一些鲜为人知的生活习惯。第五部分：介绍麋鹿与人类在"云梦古泽"及荆楚区域所发生的关于考古、科研、科普等方面的人文轶事。

　　本书的出版得到了深圳市一个地球自然基金会、"星巴克（中国）·星守护计划"之麋鹿保护项目的资助，在此表示感谢。

目　　录

目
录

第一部分
中国古代麋鹿典故

为麋鹿正名

　　麋鹿和大熊猫都是中国本土物种。麋鹿通常会在水草丰茂的平原沼泽地生存。从地域分布上看，麋鹿的化石遍布大江南北，西至山西汾河，北至辽宁康平，南到浙江余姚，东到沿海平原及岛屿。从距今4000年到10000年的古人类遗址中获悉的麋鹿骨骼数量与家猪骨骼数量基本相当，可见当时人们把麋鹿和猪作为肉食的主要来源，其中商周时期是麋鹿的鼎盛时期，史料记载商王狩猎4次就捕获麋鹿726只。

　　除此之外，古人的主食也离不开麋鹿。麋鹿喜欢在沼泽地栖息，在麋鹿踩踏的沼泽地上可以进行播种，这样的稻田在古代被称为麋田。这也是为什么"麋"发"米"音的原因。《博物志》记载："海陵县扶江接海，多麋鹿，千百成群，掘食草根，其处成泥，名曰麋畟，民人随此而略，中稻不耕而获其利，所受百倍。"记录的就是当时江苏泰州附近种麋田的情况。后来，麋鹿慢慢少了，麋田的数量也变得越来越少，牛才作为一种主要家畜登上了农业生产的舞台，后来随着中国冶铁业的发展，牛拉犁耕地才开始逐渐推广。这样看来，麋鹿既作为肉类帮助古人补充蛋白质，又可以助力农业生产，为当时中华民族的发展壮大做出了贡献，此乃其竞争国宝之重要优势之一。

　　麋鹿，中国古文献中称"麋"，现代文献中称为"麋鹿"。中国有几种动物都曾被叫作"四不像"，除麋鹿外，东北人称驼鹿为"四不像"，安徽一带的苏门羚也曾被当地人叫作"四不像"，等等。

十九世纪中叶，麋鹿的名字有些洋派起来，英文名叫大卫鹿或大卫神父鹿（David's deer or Pere David's deer）或麋鹿，拉丁名为 Elaghurus davidianus，中文名称则为麋鹿或长尾鹿。中国一些中文词典和字典常把麋鹿和马鹿、驯鹿、驼鹿在描述和解释上混淆，这是不严谨的。英语的汉译过程中曾把英文单词 elk 译为麋鹿，这是绝对错的，elk 应是欧美驼鹿（moos 或 elk）。圣诞拉雪橇的是北美驯鹿，但大量民众误认其为麋鹿，而且已经成为共识，这是错误的。

2017 年 11 月 18 日，英国乌邦寺公爵访问中国，来到石首麋鹿国家级自然保护区"友好共建学校"横市镇中学，他在与孩子们互动交流时就说过这样一段话：麋鹿是中国的，就应该以 milu 为名，目前一些外籍文献中的麋鹿仍是曾用名，希望做麋鹿保护的人先行与相关出版部门沟通，尽快更正过来！

现如今，麋鹿重新在其故土上繁衍生息，我们需要纠正以往的错误认知，还麋鹿一个真实形象，认真为麋鹿正名。

麋鹿的神话渊源

相传在四千多年前，商纣王登基，他凶狠残暴，荒淫无度，听信苏妲己蛊惑，害死了杜元铣、梅伯、姜恒楚等忠臣。在当时的深山老林里，生活着许多动物，其中，有一匹马、一头驴、一头牛和一只鹿同心合意，一起在山中修炼。在比干死去的那天，它们终于修成正果，成了精灵。

一天，它们幻化成人，下山去游历，却看到商纣王穷奢极欲，耗费国库建立鹿台，只为博得妲己一笑，而百姓们则食不果腹。它们恨得咬牙切齿，便想教训商纣王一顿。然而，它们发现商纣王身边戒备森严，商纣王本身又英勇彪悍，武艺高强。它们回到深山后，经过数个昼夜的冥思苦想，终于找到了一个办法，那就是把各自的特长糅合在一起，生成一种新的动物。于是，马把它那风驰电掣的速度、牛把它那力大无穷的身躯、驴把它那经天纬地的才能一并和鹿的轻巧敏捷结合，就成了麋鹿。

麋鹿为了使自己的力量足够强大，决心要向元始天尊求道，于是夜以继日地赶路，终于到达昆仑山顶。元始天尊见到麋鹿，顿时惊讶万分，只见麋鹿似鹿又非鹿，面似马，蹄似牛，尾似驴，就为其取名"四不像"，并赐给了它腾云驾雾、飞天遁地等本领。后来，元始天尊又把麋鹿赠给了姜子牙，而麋鹿成了姜子牙的坐骑。姜子牙骑着麋鹿南征北战，立下了赫赫战功，终于推翻了商纣王的残暴统治。

后来，麋鹿辗转到长江一带繁衍。历代皇帝知道了麋鹿的传奇经历，听说吃麋鹿肉可以长生不老，就派人大肆捕杀，慢慢地，长江附近的麋鹿便销声匿迹了。消息流入民间，麋鹿更是被传作神奇、吉祥之物。它是先民狩猎的对象，更成为受人崇拜的图腾以及祭祀仪式中的重要祭品，还成为了生命力旺盛的标志和功名富贵的象征。

"四不像"像什么

相传姜子牙当年完成道业离开昆仑山之时，师父元始天尊传了他三件宝物，分别是"四不像"、打神鞭和杏黄旗。而作为"三宝"之一的"四不像"，不仅作为坐骑伴着姜子牙征战四方，为奠定周朝八百年天下基业立下了不朽的功勋，还成了后世人们用以形容某种不伦不类事物的日常用语。

看过《封神榜》的人都知道，主人公姜子牙的坐骑模样非常特殊，像鹿又不是鹿，像马又不是马，人们干脆称之为"四不像"。在现实生活中，人们便经常形容一个古怪的东西为"四不像"，那

么"四不像"具体究竟是个什么形象呢？又究竟指称何物呢？

　　学者张炜通过查阅资料、对比分析后发现，"四不像"原来起源于一种稀有动物的美称——白泽。白泽是存在于中国神话传说中的一种瑞兽，浑身雪白，羊角狮身，形状怪异，常与麒麟、凤凰等神兽同现，它们均被视为统治者德高治世的象征。而麋鹿整体看上去比白泽更为奇怪，犄角像鹿，面部像马，蹄子像牛，尾巴像驴，然而似鹿非鹿，似马非马，似牛非牛，似驴非驴，于是人们干脆将其唤作"四不像"。

　　根据科学家的考证情况来看，早在三千多年前，中国黄河、长江中下游地区就曾出现过麋鹿的踪影，但到了汉朝以后便慢慢销声匿迹了。中国境内的麋鹿化石点的数目很多，单个化石点的标本数量也非常丰富，根据已出土的野生麋鹿化石显示，麋鹿最早起源于两百多万年前，它们最为昌盛的时期为距今约一万年到三千年，数量曾达到上亿头，但是到了距今约三千年的商周时期以后迅速衰落，直到清朝初年野生麋鹿基本趋于灭绝。

姜子牙与"四不像"的缘分

传说姜子牙 32 岁上昆仑山拜师学道，72 岁负命下山，在朝歌城南 35 里处的宋家庄投奔早年的结义兄长宋异人宋员外，娶了马氏为妻。婚后在马氏的胁迫下，姜子牙做起了生意。编过笊篱，结果失火徒劳一场；卖过面粉，结果被狂风将面粉吹跑大半；经营过饭馆，恰逢阴雨连绵月余，没有食客；贩过牛马猪羊，晚上又被盗贼抢劫一空。姜子牙做什么生意都没有收获，马氏天天骂他无能，最后马氏一气之下回了娘家。

一天，姜子牙从朝歌城回家，路经一片山林时，见到一个牧童在号啕大哭，姜子牙问道："你为何在此大哭不止？"牧童答道："今天我在山上放牛，忽然来了一阵狂风，把我的大黑牛给卷跑了，嫂子要是知道我弄丢了黑牛，非打死我不可！"原来牧童李小自幼父母双亡，从小和哥哥一块生活，自从哥哥李大娶了桃花为妻之后，嫂子视李小为累赘，经常借故打骂李小，李大对泼妇桃花敢怒不敢言。李小在家中受尽了嫂子的虐待，不但一天到晚地干重活，而且还吃不饱穿不暖，连睡觉也得到牛棚里去。今天又丢了家中唯一的黑牛，嫂子肯定要责罚李小。姜子牙掐指一算，便知道是山中的狐狸精作怪，黑牛肯定已被它们吃掉了，就对李小说道："你别伤心了，我家中有一头大青牛，无人饲养，你就牵回家吧。这是一头母牛，等牛下了崽，你还我一个牛崽就行了！"

小牧童再三感谢，牵着大青牛回家了。

第二天，姜子牙拿着打神鞭来到山中狐狸精的巢穴，杀死了大小妖精二十三只，九尾银狐侥幸逃脱。姜子牙后来追悔莫及，原来九尾银狐幻化为苏护之女苏妲己，迷惑纣王，残害百姓。

姜子牙把大青牛送人之后，马氏从娘家回来，没见自家的牛，就问道："姜子牙，你把青牛弄到哪里去了？"姜子牙答道："前几日在山中，遇到一小童，因其黑牛被怪物吃掉，我见其可怜，就把咱家的青牛送给了他。"马氏听罢如五雷轰顶，破口大骂道："你这没用的窝囊废，让你去做生意，你做什么赔什么，现在倒好，又把家中的青牛送人，我嫁给你算是跳进火坑里了，这日子没法过了！我要回娘家，再也不回来了！"马氏收拾东西，扭头便要走，姜子牙一把拉住马氏说道："夫人莫急，现在正是我落魄之时，可我非寻常之人，岂能用常人的眼光看待。如若我遇到明主，必是侯相之命也，夫人可与我共享荣华富贵。"马氏听罢冷笑道："你说你能封侯拜相？傻瓜才相信，和你夫妻一场，没有半点富贵可言，从此你我恩断义绝，不再为夫妻！"姜子牙长叹一声："既然你有了这样的想法，只要出了家门，你便是泼出去的水，可不要后悔呀。"马氏听不进姜子牙说的任何话，毫不留情地拂袖而去。

后来姜子牙遇到武王，伐纣胜利后，不但被封侯，还得到了许多赏赐。马氏彼时已是鞋匠丁破之妻，闻讯后追悔莫及，欲弃丁破，与姜子牙复合。丁破恼羞成怒，扔下正在修补的破鞋破口大骂道："你这贱人，三心二意，当初嫌姜子牙贫穷弃之而去，现在看人家富贵了又想找人家，鞋子破了，还可以拿来补补穿，而你连双破鞋都不如！"马氏听罢，连羞带气，便一命呜呼了！

马氏死后听说姜子牙鹿台封神，就想捞点好处，姜子牙避之不及，念其与自己夫妻一场，不忍用打神鞭灭其魂魄，只好封她为扫帚星，专门掌管天下茅厕。于是马氏不管走到哪里，都把霉运带到哪里，人们见到她唯恐避之不及，为了躲避灾神扫帚星，逢年过节常把福字贴在家中。

　　一年后，李小牵着一头怪物来到姜子牙住处。姜子牙惊问道："小弟，你牵着的是什么东西？"李小答道："恩公，这就是你的大青牛下的小崽子呀。"姜子牙左看看右看看，只见这只牛崽似牛非牛，似驴非驴，似马非马，似鹿非鹿，甚是喜欢，哈哈大笑道："此牛乃麒麟投错了胎，四样皆不像，不如叫它'四不像'吧！"姜子牙收下了"四不像"，虽然家里生活很贫寒，但他想方设法让"四不像"吃好。"四不像"一天天长大，食量也越来越大，姜子牙还是省吃俭用喂养它，经常让它跟在身边，就好像自己的亲人一样。

到了第二年，久旱无雨，地皮龟裂，老百姓只能背井离乡。"四不像"眼看姜子牙家中粮食空空，决意离开主人自己外出谋生。一天，"四不像"跪在姜子牙跟前，竟然说起话来："恩公，几年来您精心抚养我长大，很不容易，眼下又遭灾荒，您实在无法再养活我了，如今我已长大，不能再拖累您了，我要自己谋生去了。您何时想念我或者有什么难处，只要叫一声'四不像'，我就会回来的。"说完"四不像"叩了三个头，口吐一股白雾，驾着祥云朝西北方向飞走了。

后来，姜子牙来到黄河边上的孟津，在草棚里开起了饭铺。晚上姜子牙躺在床上，心里还思念着"四不像"，嘴里不住地念叨"四不像"。说来还真是神奇，头一天缸里的米面空了，第二天又满了，米面总是吃不完用不尽。夜里姜子牙常常梦见"四不像"不停地给他送米送面，与此同时，朝歌国库里的米面常常不翼而飞。

第一部分　中国古代麋鹿典故

日月如箭，光阴如梭，五年后的一天夜里，姜子牙梦见"四不像"气喘吁吁跑过来对他说："我在天山学道，近闻黄河即将决口，特来告诉恩公快快逃离。"姜子牙从梦中惊醒，天不亮就起身，拿起一面小铜锣边喊边敲："乡亲们，黄河就要决口了，大家赶快离开这里吧！"大家听说黄河就要决口，纷纷收拾东西，恋恋不舍地离开家乡。

果然，还不到三天，天气骤变，乌云翻滚，狂风大作，电闪雷鸣，大雨倾盆，连下了三天三夜，河水猛涨，很快漫过河岸，吞没了河堤，淹没了万顷良田。

后来，"四不像"成了姜子牙的坐骑，帮助姜子牙立了大功。人们为了感谢"四不像"泄露天机，挽救百姓的性命，于是在太公庙姜子牙的塑像下也塑了"四不像"的石刻雕像，让人们千秋万代瞻仰它。

麋国之说

远在三四千年前，在长江和黄河中下游的广阔土地上，曾经活跃着一个以麋（也写成微、薇）鹿为图腾的部落。后来，部落发展成为一个以该图腾为国名的国家，这就是麋国。

位于今湖北省当阳市南境的麋城，是当时麋国的都邑。它地处沮漳河西岸的两河乡麋城村，距玉阳镇 30km。城墙周长 1660m以上，东西宽 570m 以上，略呈椭圆形。城区面积约为 174000m^2。如果用现代眼光来看，这个城确实太小了，但是，"古代方国，城大不过三百丈，人多不过三千家"，在春秋以前，这样的都邑已不算小了。该城地势低平，土地肥沃，物产丰富，临湖泽，有舟楫通江河之便，有鱼米山林之饶，是一块得天独厚、兴邦创业的宝地。

起初，麋国是个小国，与荆楚同祖。但是到了商周，国势强盛，曾经参加周武王的盟军，灭了商朝，后来又威胁荆楚，先后传承、迁徙于山东、山西、陕西、湖北、湖南和四川等地，历时一千四五百年，谱写过灿烂辉煌的历史。到春秋时，尚有关于麋国都邑变动的记载（见《春秋大事表·都邑》），不久后才为楚所灭，这是中华民族史和麋鹿史上的一页壮丽篇章。

祖根是指某姓氏的发源地，始祖生息的地方。祖根考是从姓氏迁徙演变的历史过程中，寻根溯源地考察该姓氏的始祖及其居住地。我国见诸文献的姓氏有 600 多个，其中有不少姓是动物名称，如牛、马、羊等，那么，中国姓氏中有没有姓"麋"的呢？

直到接触到历史文献后，笔者才敢作出肯定的回答！《百家姓》第 215 姓即为"麋"，后通常用作"糜"。这个姓氏者，笔者在现实生活中至今尚未碰到过一例，而在历史文献里，笔者却从三国时期到宋代共发现了七位大致生活在今江苏省内的麋姓历史人物。他们或有名望，或有学阶（如进士等），或有官阶（如太守等），如：麋芳，三国时东海朐县（三国时东海朐县在今江苏连云港市之西南）人；麋竺，汉末东海朐县人；麋锴、麋溧、麋弇，宋时吴县（宋时的吴县大致在今江苏吴县）人。

翻阅姓氏考，寻觅麋姓根，有人认为"楚大夫受封于南郡麋亭，因以为氏"，有人认为"工尹麋之后，以名为氏"。笔者认为考证麋姓还应该从麋国之麋去发掘，或者沿当年麋部落或麋国发源迁徙的路线去追溯寻觅。

麋鹿毁国的故事

相传，齐桓公想要称霸中原，派兵攻打楚国。当时楚国兵精粮足，准备充分，齐军久攻不下，形势不妙。这时，宰相管仲向齐桓公献计，表示只要如此这般做，便可不动一刀，不杀一人，让楚国臣服，齐桓公听了，拍手称快。

于是齐桓公依计而行，下令撤军回国，与楚国握手言和，签署了友好条约。此后不久，管仲便派出很多齐国商队，到楚国境内大肆购买麋鹿。原本在楚国一头麋鹿只卖2个铜钱，齐国商人开出了 5 个铜钱甚至 10 个铜钱的高价，最后竟然飙涨到了 40 个铜钱一头。一头麋鹿的价钱竟然相当于几千斤粮食的价钱！而当时楚国境内麋鹿漫山遍野，很容易就能抓到。在巨大利益的驱使下，楚国农民纷纷放下了农具，拿着捕猎工具一拥而上，到深山里去猎捕麋鹿，甚至一些楚国兵士也停止训练，偷偷地把兵器作为猎具去猎捕麋鹿。而楚成王及满朝大臣知道了这件事情，并未觉得有什么不好，甚至还大力提倡，感觉这是件赚取大量钱财的好事。

几个月以后，楚国老百姓都进山猎捕麋鹿去了，再也没有农民愿意下田种植庄稼了，农田里长满了荒草。但是楚国上下并没有觉得这是个巨大的危险，庄稼颗粒无收怕什么，有钱了可以到邻国去买，反正依靠猎捕麋鹿的钱就可以买到很多粮食。两年后，楚国的国库里堆满了铜钱，老百姓也变得非常富裕，但是楚国的粮食却无法自给自足，只能从别国购买。

很快，楚国国内就缺粮了，派人花钱到周边邻国去大肆买粮。管仲觉得时机成熟了，便建议齐桓公抓紧攻打楚国。楚成王没想到齐军这么快就兵临城下。此时的楚国早跟从前大不相同了，虽然城墙依旧坚固，可是城内除了堆积如山的铜钱，压根没剩下什么存粮。楚军只好饥肠辘辘地与齐军交战。楚王派人去邻国买粮，但是通往邻国的道路被齐军严密封锁，粮食根本运不进来。楚军的战斗力大降，军心不稳，战场上一触即溃。到了这个时候，楚成王才知道中了管仲的计谋，只好派大臣向齐国求和，俯首称臣。

荒台麋鹿

西汉建立后，刘邦把同姓宗室及异姓开国功臣分封到各地为诸侯王，继续推行西周式分封制度，这成为汉王朝不稳定的根源。果然，在刘邦死后不久，汉王朝就爆发了以吴王刘濞为首的"七国之乱"，朝廷花费很大的精力才予以平定。

其实，淮南王刘安也怀有异心。但是，与其他诸侯王不同，他重武的同时也修文。为了争夺皇帝宝座，把天下的各种人才拢归门下，类似春秋战国时期的养士传统，他的门人还编成了《淮南子》一书。

有一天，刘安召门人伍被一起商议谋反的事。可是，伍被对谋反持反对的态度，他直言不讳地对刘安说："以前皇帝虽已经宽恕了您筹划谋反的事情，怎么现在您又有这样的想法呢？据说在春秋吴越争霸时期，吴军已经包围了越军，但是吴王夫差不听谋

臣伍子胥之言放过了越王勾践。之后，越王勾践卧薪尝胆，积极备战，而吴王不听伍子胥的劝告，好大喜功，穷奢极欲，反而杀掉了忠臣伍子胥。伍子胥死前哀叹道：'我已看到麋鹿在姑苏台上嬉游了。'（姑苏台位于吴王宫殿中，麋鹿登台说明吴已亡国）现在，我仿佛也看到您的王宫中长满了荆棘。"

此后，"荒台麋鹿"这一典故，就被用来比喻亡国的破败景象。

指鹿为马

秦二世时，丞相赵高一心想要谋朝篡位。他想知道有多少大臣拥护他，于是，他想了一个办法，准备试试看到底谁反对他。

一天上朝时，赵高让人牵来一只鹿，献媚地对秦二世说："陛下，臣献给您一匹好马。"秦二世看了后，发现这是一只鹿，根本就不是马，便笑着对赵高说："丞相搞错了，这根本就不是马，明明是一只鹿啊！"赵高面不改色地说："陛下，请看清楚，这明明是一匹千里马。"秦二世又看了看那只鹿，将信将疑地说："马的头上没有角啊？"赵高一转身，对大臣们大声说："陛下如果不信我的话，可以问问众位大臣的意见。"

　　大臣们都明白赵高在一派胡言，心想，这明明是鹿，怎么会是马呢？但是大家看到赵高脸上露出了阴险的笑容，两只眼睛恶狠狠地盯着他们，大臣们瞬间都明白了他的意思。

　　一些有正义感又胆小的大臣都低下了头，毕竟说假话对不起自己的良心，说真话又害怕日后被赵高迫害。还有一些正直的大臣，坚持认为这是鹿而不是马。一些紧随赵高的奸佞之人立刻表示拥护赵高的说法，对秦二世说："这真的是一匹千里马啊！"

事后，赵高施展手段打击迫害那些不顺从自己的大臣，将他们纷纷治罪，甚至满门抄斩。

逐鹿中原

楚汉争霸时期，汉王刘邦把部将韩信封为齐王，并且非常宠信。韩信的谋士蒯通看到韩信力量强大，就劝韩信背叛刘邦，与刘邦和项羽三分天下。可是，韩信觉得刘邦对他不错，不忍心背叛。

后来，刘邦打败了项羽，当上了皇帝，不再信任韩信了。一天，刘邦带兵出征，吕后假传圣旨，逮捕了韩信，说韩信想篡夺帝位，准备将他杀死。韩信看到刘邦和吕后无情无义，后悔地说道："我当初不听蒯通之言，所以才有今天这个下场！"

刘邦回来后，听说了韩信的遗言，就抓住了蒯通，要杀死他。蒯通大喊冤枉，说自己无罪。

刘邦问他："你当初唆使韩信背叛，今天我将你治罪。你还有什么话可说？"

蒯通面无惧色，从容不迫地说："我那时是韩信手下的谋士，当然要忠于韩信，为他考虑。再说，秦失其鹿，天下共逐之。您的本事大，得到了天下，而您的对手因为力量不够强大才会失败。您要杀就杀吧！"

刘邦听完蒯通的话后，觉得这个人虽忠于旧主，但对自己并不构成威胁，就把他放了。

魏文帝与麋鹿的故事

公元 221 年，也就是魏文帝黄初二年八月的一个清晨，那正是秋高气爽、草茂马肥的季节。魏文帝曹丕带领皇子曹叡和相国华歆，太尉贾诩，御史大夫王朗，大将军曹真、曹休、张颌、陈群和司马懿等诸多文臣武将，去郊外狩猎取乐。

几个时辰已过，魏文帝策马奔驰在原野上，曹睿紧随其后，只见众将把豺、狼、虎、豹、麋、鹿、獐、狍追得到处乱窜。魏文帝不断催马而起，频频放箭。

晌午时分，大队人马辗转原野小径，收兵回府。正翻过一座小山包时，远处迎面跑来一大一小两头麋鹿，仔细一看，大的是一头雌鹿，小鹿连蹦带跳地紧随在母亲身后，这是一头当年出生的仔鹿。

魏文帝一见猎物，张弓搭箭，一箭射出，雌鹿应声而倒。小麋鹿见此情景，不仅没有逃走，反而走到母亲的身旁，不停地舔母亲鲜血直流的伤口。

这时，魏文帝回过头来，对曹叡说："我儿为何还不放箭？"曹叡有些伤感，同情地看着麋鹿母子，向魏文帝回话："父王既然杀了小麋鹿的母亲，皇儿又怎忍心再伤害它的孩儿。"

魏文帝听了，掷弓于地，自言自语道："我儿真仁慈之主也。"回宫后，魏文帝反复思考，打定主意，只有立曹叡为太子，国家才能和谐太平。

晋文公与麋鹿的故事

有一天，晋文公姬重耳召集了一批人，在一座山上围猎。狩猎一般都是世家贵族们举办的一种户外活动，晋文公很喜欢狩猎。这不，他看中了一只麋鹿，正想举箭射向麋鹿的时候，麋鹿却受惊逃跑了。狩猎讲究的就是一个快准狠，麋鹿跑了，想要捕获它的难度就更大了。可是晋文公却不觉得可惜，正因为麋鹿在奔逃，狩猎才显得有意义。

晋文公驾着马儿，朝着麋鹿逃跑的方向追去。马儿跑得很快，可林中树木太多，一眼望去全都是郁郁葱葱的绿树，哪里还有麋鹿的影子呢？晋文公坐在马背上，朝着四周巡视了一圈，没有看见麋鹿，却发现有一个老农夫的身影。

他骑着马走到老农身边，跳下马背问老农："请问老先生可有看到一只麋鹿过去呢？"老农见是晋国之主，先是慢吞吞地对晋文公行了个大礼，跪着朝拜了晋文公，然后才用脚指着一个方向说："我看到它往这个方向去了。"得到答案的晋文公并没有立即骑马追麋鹿，而是继续和老农交谈，他说："老先生，我问先生麋鹿在哪里，先生却用脚来给我指路，是为什么呢？难道您不觉得用脚是一种很不礼貌的行为吗？"老农听了晋文公的话后，抖了抖身上的衣服，从地上站了起来，说道："我倒是没有想到啊，我们晋国的君主竟是如此愚笨。老虎和豹子这类凶猛的野兽以前居住在偏远的森林中，所以很少被人们捕猎到，如今它们常常被捕猎到，是因为它们靠近人类居住。鱼鳖这类深水区的鱼类，若是好好待在深水区，很少有被人类捕获的，反之，它们不好好待在深水区跑到浅水区来，人们就能很轻易地将它们捉住。现在诸侯们居住的地方，距离他的臣民们如此遥远，所以国家才会灭亡。我一介老农，却也知道《诗经》里有一句，'喜鹊筑巢，斑鸠居住'，君主您长久地待在城外，别人恐怕就要来做国君了。"晋文公听完老农的话，没有说什么，阻止了侍卫们对老农的呵斥，挥挥手叫老农走了，但老农的话却深深地留在了晋文公的心里。后来晋文公先是遭受父亲晋献公的迫害，逃往母国翟国，后又受到弟弟晋惠公的迫害，在各诸侯国之间求救。直到十九年以后，晋文公才结束了逃亡生涯，成为晋国的国君。

这则故事启示君王，要时刻关心自己的百姓和国家大事，不可以将心思过多地荒废在玩耍享乐上面，勤勉爱民才会受到百姓的拥护，做到这样，即使是有异心的贼子也没有办法抢夺王位和国家了。

乾隆皇帝与麋鹿的故事

清朝皇室里有一本类似大事记的文本，名字叫《月令》，人们经过长期观察，发现各种生物的生命活动随着季节的变化会有不同的反应，于是编成此书，专门记载每月月中气候、时令。这些记载中曾经有这样一篇文章，文章旁边还附了注解，内容介绍乾隆皇帝三次微服私访到琉球，但没有告诉侍从此行的目的。有好事者在记录此事的时候，把众多人的揣测批注在一边，认为乾隆皇帝三次微服私访琉球，是在寻找自己的亲生母亲，但没有结果。

在《礼记·月令》篇中记载："仲夏之月，鹿角解，仲冬之月，麋角解。"仲夏就是农历夏季的第二个月，即农历五月；仲冬就是农历冬季的第二个月，即农历十一月。这说明我国古代劳动人民很早就已经把麋鹿和其他鹿种严格区别开了。可是由于我国幅员广阔，民族众多，各地对麋鹿的称谓不同，有的把它叫作麋，有的把它叫作麈。在我国北方，民间还把驼鹿、驯鹿也称为麋或"四不像"，而驼鹿、驯鹿及其他鹿科动物都是在夏天脱角的。

乾隆皇帝认为，驼鹿或驯鹿就是古人说的"麋"，而鹿和麋都是在夏天脱角的，不是在冬天（原文："鹿与麋皆解角于夏，不于冬。"）。于是他在乾隆二十七年写了一篇《鹿角记》，辨明世上并没有在冬天解角的鹿，鹿和麋都是在夏天解角的。可是《月令》为什么记载麋是在冬天解角呢？对此，乾隆未能"究其所由"，一直耿耿于怀，"蓄疑者五六年"，百思不得其解。

清代京南南海子养有麋鹿，清乾隆三十二年冬季，乾隆从承德避暑山庄回到北京，在冬至的第二天，忽然心血来潮，想起南苑里养着的那一群叫"麈"的动物，会不会在冬至解角呢？于是他立刻派御前侍卫五福赶快到南苑验视，看看那里的"麈"是不是正在解角。果然，南苑里的"麈"已经开始解角。五福等人将已经脱落的 15 只"麈"角携带回宫，进呈御览。乾隆皇帝一看，"乃爽然自失"，感慨万端。他感叹道，古人把麈当作麋，而我却竟然不知道还有在冬天掉角的野兽，"天下之理不易穷，而物不易格者，有如是乎！"于是他又写了一篇《麋角解说》，命人将其镌刻在从南苑海子里拣回来的麋角上，以记其事。如今，这只麋鹿角就陈列在北京南海子麋鹿苑博物馆内。在那只麋角的主干腹面，用精细的楷书镌刻着一篇题为《麋角解说》的手记，下面署的是"乾隆三十二年岁在丁亥仲冬月上浣御制"。这是清乾隆皇帝研究物候的一篇科学实录，从中我们可以了解到一个有关乾隆皇帝研究麋鹿即"四不像"的有趣故事。

乾隆知道自己的出生与麋鹿有关，所以一生酷爱麋鹿，曾亲笔写下许多关于麋鹿的诗词和短文，譬如"岁月与俱深，麋鹿相为友"及《麋角解说》等。乾隆皇帝继承了先帝们的做法，将麋鹿保护在皇家苑子中，才使麋鹿世代相传而延续到今天。

乾隆二十八年夏季的一个夜晚，几位清军守卫正沿着皇家猎苑的海子墙巡逻，忽然听到远处一声巨响，循声而去，至一庄院，但见熊熊烈火旁有几个人正在屠宰、剥剔一只麋鹿。这还了得，敢杀皇家猎物，清军卫士当即将犯人拿获。经审，为首的叫王安，他已不是第一次偷猎麋鹿以饱口腹了。事关重大，军士们立即报知奉宸苑总管。奉宸苑哪敢怠慢，立即上奏乾隆。不久乾隆皇帝下旨，将王安等涉嫌偷猎人员各鞭八十，以示严惩。有人以为偷吃麋鹿就遭如此鞭挞，是不是所判过重？一点不重！在古代，一些帝王以圈养麋鹿观赏为乐事，并制定了保护条文。如战国时齐宣王规定："杀其麋鹿者如杀人之罪。"这使麋鹿等野生动物很早就受到皇权及法规的保护。

笔者在读过乾隆皇帝的《麋角解说》后，对麋鹿是不是在冬至节后开始掉角的问题产生了浓厚兴趣。自从麋鹿回归故乡后，我曾多次到麋鹿苑考察，并曾见到在冬至后已经脱落鹿角的麋鹿，但是，却没有亲眼看见过麋鹿在冬至后解角的过程。为此，去年冬至后第三天我专程到南海子麋鹿苑进行观察。我在南海子麋鹿苑见到鹿群中掉角的麋鹿已有六七头，有两头麋鹿各掉了一只角，其中，有一头麋鹿是刚刚掉的角，鹿额上角基还留有殷红的血迹。也许是失去平衡的缘故，剩下的一支鹿角使麋鹿感到很不舒服，麋鹿摇头晃脑，摆来摆去，尝试着让鹿角尽快掉下来。我们还见到，麋鹿苑的工作人员正在给麋鹿喂草料，同时，把刚刚掉下来的鹿角收集起来。

据工作人员介绍，每年的冬至一到，麋鹿角要掉的时候，角基处的颜色变得灰暗，麋鹿显得烦躁不安，不时地摆动双角，有时麋鹿用犄角向湿地中的树木顶撞，把自己的鹿角从头上撞下来。实地观察证明，冬至前后，正是麋鹿角开始脱落的时节。由此可见，我国《礼记·月令》篇"仲冬之月，麋角解"的记载还是很准确的，令人信服。

麋鹿只有雄性的才长角。麋角不仅形状迷人，更为奇特的是，每年到仲冬时节，麋角即自行脱落。麋鹿是世界上鹿科动物中唯一在冬季掉角的鹿种，它还是所有鹿种中最早换角的鹿。麋鹿在冬季掉角后，茸角即开始生长。为了保护茸角不被严寒的冬季冻伤，麋角茸角上的茸毛比其他的鹿种茸毛长，而且浓密。

麋鹿的鹿角还有一个与众不同之处：将麋鹿角角尖朝下，倒立在平台上，麋鹿角的三个角尖保持在一个平面上，麋鹿角鼎立不倒。世界上的鹿科动物中，只有麋鹿角可以倒置在地上，角尖朝下，成"三足鼎立"之势。因此，在我国民间，这是一种根据鹿角来鉴定麋鹿也就是"四不像"的一种简易而又准确的方法。

法国传教士大卫与中国麋鹿

　　1865 年的秋天，法国博物学家兼传教士阿芒·大卫经过南苑皇家猎苑，从苑外土岗上向内张望，突然发现一群陌生的可能在动物分类学上尚未记录的鹿！强烈的好奇心和探求欲望，使他数月都不肯离去。由于皇家禁地"闲人免进"，大卫很难弄到一头活着的鹿。直到第二年春天，他用重金贿赂守苑的军士，得到一对鹿骨鹿皮。不久，法国驻华工作人员弄到了一对麋鹿，其中的雄鹿死后送给了大卫。

　　1866 年 4 月，大卫将 3 只麋鹿标本寄到巴黎自然历史博物馆，经动物学家米勒·艾德华馆长鉴定，这是一个从未发现的新物种，而且是鹿科动物中一个独立的属。从科学的角度，他把麋鹿的情况公布于世，立即在全世界引起轰动。

　　根据国际惯例，新物种要以发现者的名字来命名，所以麋鹿被称为"大卫神甫鹿"，英文名为 Pete David's Deer。欧洲其他国家也对麋鹿产生了极大的兴趣。1866 年至 1876 年间，英、法、德、比利时等国家的驻华公使及其教会人士，通过明索暗购等各种手段，陆续从北京南苑得到几十头麋鹿，饲养在欧洲各国的动物园里。

　　1894 年，永定河泛滥，洪水冲垮南苑的围墙，逃散的麋鹿成了饥民的果腹之物。1900 年秋，八国联军掠夺皇家猎苑，麋鹿被劫杀一空，麋鹿在中国灭绝！而麋鹿的"发现者"大卫也于 1900 年 11 月 10 日在巴黎逝世。

麋鹿与鲍君神的故事

有个人要上山砍柴，路过一片沼泽地，意外地得到了一只麋鹿。他高兴极了，但他没有马上把麋鹿带回家去，而是把麋鹿拴在一棵树上，准备回家的时候顺便带回去。

碰巧，有几辆运货的车子从这片沼泽地经过。赶车的人看到树上拴着一只麋鹿，旁边又没有人，于是，他们顺手牵走了麋鹿，又觉得不劳而获不太好，就从车上拿了一条咸鱼放在拴麋鹿的树上作为补偿，然后走了。

到了下午，砍柴的人回来取他的麋鹿，惊奇地发现树旁的麋鹿不见了，取而代之的是一条咸鱼，看看周围，沼泽地里一个人都没有，这条干咸鱼是从哪里来的呢？就算是水里蹦出来的鱼也该是鲜鱼啊，怎么会是咸鱼呢？真是太神奇了！这人恭恭敬敬地抱起干咸鱼回家去了。

回家后，砍柴人把这件事说给家人和邻居听，大家都觉得很奇怪。在很短的时间内，这件事就变得家喻户晓，而且被人们说得神乎其神，竟然引来了许多前来祈祷的人。他们来到了沼泽地里的小树边求福消灾，治病祛邪，竟然也很"灵验"。不久，大家深信不疑，认定这条咸鱼是神，于是凑钱为这条咸鱼建了一座庙，专门供奉这条神奇的咸鱼。在庙里有几十人的专职祝巫，给咸鱼送了一个"鲍君神"（"鲍"就是"咸鱼"的意思）的尊号。从那时起，"鲍君神"庙内香火不断，甚至有些人从几百里外赶

来祈祷。

　　又过了好几年，有一支车队路过这里，当年放咸鱼的人也坐在车上。他看到这里热闹的场面和"鲍君神"的牌匾，觉得十分奇怪。打听清楚后，他大声叫道："这是我的鱼，是我几年前亲手拴在一棵树上的，哪来的什么鲍君神呢！"他走进庙内，拿走了那条咸鱼，头也不回地走了。从此以后，再也没有人来庙里祈祷了，慢慢地，这里又变得荒无人烟了。

鹿王之谜

　　每年的 3 月到 5 月，麋鹿自然保护区绿草茵茵，膘肥体壮的雄麋鹿来到这片的开阔地，参加一年一度的鹿王大选赛。

　　鹿王大赛采取自由组合，两头一组，淘汰选拔，就像许多体育比赛一样。通常，参赛的麋鹿多达 20 多组，场面极其壮观。在

赛场周边，有许多许多雄鹿、小鹿组成的"啦啦队"，也有一群群一会儿低头吃草、一会儿盯看正在格斗的雌鹿，青春的心潮在期待中澎湃。

一天的激战结束了，获胜者将明日再战。最后赛场上只剩下两头雄鹿，参加争夺王位的角逐。两头雄鹿用角作为锋利的武器，"咯咯"的鹿角撞击声时起时伏，紧张的战斗会持续很长时间。

当火红的太阳跃出地面，夺得胜利的鹿王带着喜悦，雄赳赳气昂昂地跑向雌鹿群。鹿王会集中所有的雌鹿，向它们宣布："我是你们的大王，大家必须听从我的指挥。"鹿王的领导工作有条不紊，管理非常严密。

鹿王在三个月的发情期内，独霸雌鹿，却很少吃东西，通常体重会下降几十斤。麋鹿的这种繁殖策略，体现了大自然优胜劣汰的规律，强健的雄性个体能繁殖更多的后代，利于保存优良的群体基因。研究发现，雌鹿通常只与鹿王交配，这种选择同样有利于繁殖强健的后代。

交配结束后，麋鹿们又像往常一样在一起活动，这种友好会持续到下一年。由此可见，鹿王争霸赛并不是为了争斗，而是种群优化的需要。

鹿王别姬

麋鹿为群居动物，每个群落中都有一个王者主宰着种群的命运，大角便是一个群落的王者。按照群落法规王者优先享有交配权。鹿群又到了每年的发情期，一只母鹿凭着倾国倾城的美貌，成了鹿群中炙手可热的王妃候选人，她的美貌令无数公鹿为之倾倒，一些身强力壮的公鹿也因此放弃了对大角的推崇而争相参与王位的角逐，大角的霸主地位也因其他狂热公鹿的武力挑衅而摇摇欲坠。最终大角被迫交出了王位，孤独地离开了曾经叱咤风云的麋鹿王国。他变得一无所有，荣耀、地位一去不返。

在大角与其他公鹿角逐的时候，母鹿被大角的英勇顽强所折服，她欣赏他震颤发汗的肌肉，她为他的每一次奋力冲击紧张不已，她为他四面楚歌的境遇黯然神伤，她为他的孤独离开厌食失眠。在她心中只有一个王，无论成败，无论生死，大角永远是她的王，今生不变，至死不渝。母鹿做出了一个令人惊讶不已的举动，

她离开了鹿群，离开了触手可及的荣耀，靠近了大角，靠近了相守一生的怀抱。儿女降生，成长，离开，一代又一代，他俩始终在一起同呼吸共命运。一起看夕阳染红天地染红自己染红心意，一起饮山泉饮尽甜蜜饮尽欢乐饮尽分离。

一天早上，管理人员发现母鹿出现难产迹象，而对麋鹿来说，难产死亡率高达 70%。专家相继赶到，对母鹿实施紧急救治。母鹿无精打采的表情，摇摇晃晃的身体，专家人员的焦急举动，让在一旁等候的大角不安地来回徘徊，走走停停，不时地静静望着母鹿，眼神中充满怜惜、期待、悲伤。面对自己的爱侣所经历的痛苦，自己却无能为力，眼睁睁地看着她身体一点点倒下，呼吸一点点平息，心跳一点点消逝，专家一阵摇头。所有的一切如同一张张病危通知书下达到大角面前，大角只是呆望。几分钟后母鹿失去一切生命迹象……

大角来到河中，用头上的大角挑起河泥静静地打扮自己，双目无神，目光呆滞，陷入沉思。在麋鹿界只有鹿王才有权力打扮自己，大角分明是在给外界透露这样一个信息：王者归来！很快，大角的举动引来几头身强力壮的年轻公鹿的不满，一场新的战斗即将打响。此时的大角已年过中年，相当于人类 50 多岁，面对整个鹿群的车轮战，大角的顽强与英勇令其他公鹿未尝胜绩，从早上一直打到傍晚，大角也因此耗尽了身体全部的精力，他拖着疲惫的身躯来到母鹿离世的地方，瘫作一团，闭上双眼。也许是在梦里，大角随母鹿离去，一代霸王陨落。

这是一部不到十分钟的纪实短片，配上悲恸的音乐，一幅感人的画面，母鹿的缓慢倒地，大角的无助眼神，从日出到日落不断地生死角逐，血色残阳中大角的孤身离去，一段感人至深的情感故事，跨越物种，穿越时空。

麋鹿的迁徙故事

在远古时代，麋鹿迁徙是很平常的事，但是在迁徙过程中并不太平，它们时刻可能遭遇疾病、灾害及其他大型兽类的侵袭。为了更好地生存、繁衍下去，一年一度的麋鹿大迁徙开始了。麋鹿的迁徙是非常壮观的，它们在坎坷崎岖、危机四伏的旅途中，浩浩荡荡地向着共同的目标前进。

突然间，一只体型健壮的麋鹿渐渐缓慢下来，它感到四肢无力，本能驱使它继续吃力地前行。它的身体出问题了。凭借顽强与健壮，它肯定能克服一般的伤痛，渡过难关。可是，它的运动神经系统出现了很大的麻烦，甚至危及它的生命。强烈的求生意志鼓舞它继续前行，一天，两天……可它终究敌不过可怕的疾病，无奈地倒在迁徙途中。

在迁徙团队中，有的麋鹿放满了脚步守候在它身旁，用特殊的语言鼓励它站起来，可是终究没有成功。

陪伴它的伙伴越来越少。面对突如其来的变故，麋鹿微闭双眼，像是在思考着什么？眸子时而暗淡，时而有神，它必然同时忍受着身体的伤痛和内心的苦楚。

突然，它长鸣嘶叫起来，这声音的情感充满了悲伤、忧怆和无奈。此时的它不再挣扎，而是用尽全身的力气，让同伴们离开它，继续向着栖息地前进。

慢慢地，最后一只麋鹿也离开了。它安详地合上了双眼，平静地离开了这个它曾经依恋的世界！

狼与麋鹿的图腾传说

距成吉思汗出生 400 多年前（约公元 9—10 世纪），蒙兀室韦部落有一酋长，叫呼和莫日根，居住在额尔古捏·昆。

有一天，酋长的大儿子朝鲁莫日根、儿媳诺敏豁阿，背着未满周岁的儿子，带着几个猎手出去打猎。到了蒙果河边的树林里，夫妇俩派几个猎手出去打猎，把孩子安顿好，就准备捡柴烧火做饭了。诺敏豁阿去采摘野菜，突然被一只猛虎咬死了。鲁莫日根听到惨叫，赶紧跑过来，也被老虎给咬死了。

到了傍晚，放在树下的孩子饿得哭了起来，引来了一匹头母狼。母狼在孩子周围看了看，把他叼到了附近的一个山洞。这里是母狼的窝，因为小狼崽被其他动物吃掉了，母狼的乳房涨得无法忍受。狼的母性被激发出来，用涨满的乳汁喂养了这个孩子。后来这个孩子慢慢长大了，母狼和孩子有了感情，就彼此照料对方。

出去打猎的猎手回来没有发现酋长的长子和儿媳，只找到遗物、血迹和老虎脚印，就跑回去告诉酋长。酋长马上带人到蒙果河边去找孩子，找了九天九夜，却没有任何发现，只能失望地回到部落。

几年之后，一天夜里呼和莫日根突然觉得心里很乱。这时，祭司萨满洛克磋悄悄地进来对他说："尊敬的酋长，我刚刚在祈祷与占卜，眼前突然闪过一道金光，射进仙人柱内。这种奇异之象一定是长生天要给你高贵的礼物，明天去狩猎一定会有非常大的收获。"第二天一大早，酋长就和次子呼尔查莫日根组织部众进山围猎。包围圈越来越小了，各种野兽，獐狍野鹿，狼熊虎豹，应有尽有。

突然，一只母狼出现了，一边逃出包围圈一边不时地回头看。酋长觉得事有蹊跷，就带领部下拼命追赶，到了一座山的脚下，母狼一下子钻进了半山腰的山洞。很快，母狼带着一个男孩从洞里出来了，只见那个孩子头发很长，浓眉大眼，上身半屈，全身没有任何遮拦。母狼紧紧地靠在孩子身边，不时地用舌头舔着男孩的脸颊。这个孩子惊恐地看着围拢的人群，发出一阵阵像狼一样的嚎叫，紧紧地抱着母狼的脖子。酋长走近一看，发现这个孩子的脸颊和他失散的长子朝鲁莫日根很像，眼睛又像他儿媳诺敏豁阿。酋长赶忙过去抱起孩子，在孩子的后腰部有一个拇指大的青痣，这正是深深烙在酋长心中的印记。酋长泪如泉涌，失声痛哭起来，而一旁的母狼也仿佛懂得人意，低声呻吟着。酋长不时抚摸着母狼，用感激的目光看着母狼。为了感谢母狼对孙子养育之恩，他命令部下把打来的猎物堆放到洞口。后来，酋长把这个山洞叫作"蒙果勒阿贵"（蒙古山洞），禁止任何族人来此山谷狩猎，更不能打狼。

酋长回去后给他孙子起名为孛儿帖·赤（苍色的狼），全力培养这个孩子，教他狩猎技巧、天象识别、滑雪技巧、部族规矩等本领。孛儿帖·赤渐渐长大，体魄健壮，力大无穷，登山攀岩健步如飞，射箭百发百中。孛尔帖·赤还有个习惯，在夜里听到山谷的狼嚎声，会飞快地跑出去，跟他的狼妈妈见面。

又过了很久，酋长慢慢老去，提议孛儿帖·赤接替他成为部落新酋长，一位来自涅尔尼斯涅河谷部落的名叫捏昆的年轻人说：

"我们不能随意让某个人当新酋长，我愿意跟他比，取胜的人就是新酋长。"酋长表示同意，说道："蒙果勒山中有一头白色麋鹿，每次围猎时都能逃脱。今天你们两个进山，谁能够在十天内捕获白色麋鹿，谁就是新酋长。"第二天，孛儿帖·赤和捏昆进入原始森林，各自分头寻找白色麋鹿。可是到了第九天，两人碰到了一起，都没有见到那头白色麋鹿。两人互相问候着，各自讲述着寻找白色麋鹿的经历。就这这时，前面的树林里突然闪过一个白色的影子，原来那就是白色麋鹿。孛儿帖·赤和捏昆来不及骑马，登上滑雪板奋起直追。翻过了几座山，捏昆跑不动了，孛儿帖·赤还在穷追不舍。

孛儿帖·赤沿着白色麋鹿足迹紧追不舍，到了蒙果勒河中游一个转弯处失去了白色麋鹿的踪影。他沿着白色麋鹿在雪地留下的足迹继续寻找，突然发现了一个美丽的少女。孛儿帖·赤一开始以为是自己出现了幻觉，再仔细一看还真是一个美丽少女。她穿着雪白的皮袄和圆帽，蜷曲在一棵大树下，身体冻得发抖，流露出恐惧和求助的神情。孛儿帖·赤脱下皮袄披在姑娘身上，轻轻地抱起姑娘说道："你是长生天赐给我的神鹿，以后就叫你豁埃·马阑勒（惨白色的鹿），请你做我的妻子吧。"姑娘用力地点了点头。

孛儿帖·赤背上豁埃·马阑勒，足登滑雪板，在回去的路上接上捏昆，三人一起回到了部落营地。后来，他们把乞颜河边找到豁埃·马阑勒的地方称为马阑勒·阿剌勒（意为白色麋鹿岛）。

孛儿帖·赤找到白色麋鹿，娶了麋鹿姑娘的消息瞬间传遍了周围的室韦部落，成为了新的酋长。孛尔帖·赤和豁埃·马阑勒十分恩爱，他们生了很多孩子。

一天，孛儿帖·赤带领部族来到蒙果勒山下狩猎。孛尔帖·赤

半夜里听到了狼的嚎叫，后来传来了此起彼伏的群狼嚎叫声。孛尔帖·赤听了一阵，突然像脱缰的野马拼命往山谷跑去，一边跑一边还学着狼嚎，这时远处的山岗上站着一只狼，也望着孛儿帖·赤嚎叫，孛儿帖·赤一眼就认出他的狼妈妈。原来是狼妈妈嗅到了孛儿帖·赤的味道，思念孩子的心情像潮水一样涌来。

孛尔帖·赤紧紧抱住狼妈妈，失声痛哭。只见狼妈妈已经面目沧桑，老态龙钟，它时不时亲吻儿子的脸颊，流淌着两行热泪。孛儿帖·赤抱着狼妈妈，一遍遍地抚摸着狼妈妈干瘪骨瘦的身躯，心情久久不能平静。过了许久，孛儿帖·赤突然感到狼妈妈没动静了，仔细一看，狼妈妈已经死在了自己的怀里。它的表情是那样的安详，好像了却了一桩平生大事。孛儿帖·赤双膝跪地，抱着狼妈妈放声大哭，厚葬了狼妈妈。

第一部分　中国古代麋鹿典故

第二天早晨，孛儿帖·赤随从发现了一块奇怪的石头，长者说是铁石。大家马上堆上木柴使劲吹火，石头被烧熔化后，变成了铁水。孛儿帖·赤再一次跪拜在狼妈妈坟前，感谢狼妈妈在临死之前又送给他这样厚重的礼物。

从此，狼成为孛儿帖·赤乞颜部族的图腾。

后来，蒙古族平定了草原，用马蹄踏平四方，建立起了庞大的蒙古帝国，对欧亚国家的民族融合做出了前所未有的贡献。

这就是苍狼和白色麋鹿的传说，也是狼图腾的来源。

第二部分
麋鹿哲理寓言

可怜麋鹿的故事

古时候有一个善良的人，他买了一只麋鹿带回家，他家里的狼狗们眼睛都直冒绿光儿，都汪汪地冲着麋鹿叫，然而这并没有引起他的注意。他对家里的狼狗们发话："你们要照顾好我给你们带回来的小家伙，在一起友好地玩耍，不准伤害它！"

麋鹿真就以为狼狗们是自己的朋友，想和它们和平共处。可是狼狗们眼中的它不过是肉，是美味的食物，根本就不是玩伴，它们只是碍于主人的命令，不得不一次又一次咽下贪婪的口水。

有一天，麋鹿想到院子外面散散步，就趁主人不注意走了出去。在田地边它看见一群野狗，它以为那是它的朋友，就开心地跑过去想和它们一起玩。结果，它被这群野狗撕碎吃了。这只麋鹿很可怜，在主人编织的生活圈子里失去了防备之心，结果成了野狗的美餐。

一只雌麋鹿与两脚兽的故事

有一只雌麋鹿，来自波兰卢布森附近的森林，过着悠游自在的日子。一天，它为了追赶一只蝴蝶，跑出了森林，可是追丢了蝴蝶，又找不到回家的路。它只能四处瞎逛，不知不觉地走进了卢布森市区，它觉得这里十分陌生，惊恐不安地想要找到回家的路。

突然，它来到了一条平坦的大路上，那里有一些奇怪的"动物"在以极快的速度移动。它们都有两只明亮的大眼睛，身体下面没有腿，只有四个圆滚滚的东西，怒吼一声，然后消失得无影无踪，还会喷出让自己喘不过气来的气体。

于是雌麋鹿赶紧躲得远远的，结果又见到了更加令人害怕的两脚兽。它听那些年长的麋鹿说，两脚兽长得像没有毛的猴子，追赶森林里的动物时，手里通常会拿着一根能喷出电光火石的魔杖，还带着一群穷凶极恶的猎犬，足以让所有动物闻风丧胆。

动物的本能让麋鹿提高了警惕，准备逃跑。可是，令它感到诧异的是，两脚兽只是对它驻足观望，手上似乎没有魔杖，身边也没有凶恶的猎犬。

突然，雌麋鹿听到了刺耳的长鸣声，身边倏地多了几张巨大的网，而且还有几个两脚兽手里拿着类似魔杖的东西正缓缓向它走来。雌麋鹿知道，两脚兽终于要向它下毒手了，它吓得乱窜乱跳，想要逃出去，可是四肢被粗大的网子围得严严实实。两脚兽们向它举起了魔杖，顿时它觉得全身软绵绵的，动弹不得，脑袋也晕乎乎的，身体轰地倒在了一张大网里。

不知道过了多久，雌麋鹿醒了过来，发现自己躺在森林里的一条小溪旁，身边还有一头高大威猛的雄麋鹿守候着它。雄麋鹿告诉它，友善的两脚兽把它送回了森林里，等到雄麋鹿出现才离开。雌麋鹿醒悟过来，原来两脚兽用魔杖"对付"它，只是为了帮它回家。有些两脚兽还是很友善的，或许以后可以尝试跟这些两脚兽做朋友。

麋鹿与飞龙的故事

在森林里，有只麋鹿总是受到其他动物的嘲笑，大家都叫它"四不像"，这是因为它的角似鹿但它又不是鹿，头似马但它又不是马，身似驴但它又不是驴，蹄似牛但它又不是牛。它因此很是苦恼，心想："如果我单单跟鹿、马、驴或者牛长得很像，肯定会被这些动物看作是同类的，为什么老天偏偏给了我这副模样啊？"

心灰意冷的它想到了求死，它平静地等来了一只老虎，想被老虎吃掉。

当老虎快接近它时，麋鹿却突然看到了龙这种更加奇怪的动物，而老虎也被从天而降的龙给吓跑了。

龙问麋鹿："为什么你遇到老虎还不逃命呢？"

麋鹿说："我长得四不像，大家都嘲笑我，我很不开心，所以不想活了。"

龙哈哈大笑，说道："我不是比你长得更四不像吗？你看，我的角像鹿，脸像马，身子像蛇，鳞片像鱼，脚像鹰，可没有人敢瞧不起我啊，我甚至还是人类的高贵图腾之一，受到众多崇拜呢。"

麋鹿红着脸，小声说："那是因为你是龙啊！"

龙说："对啊，我之所以叫龙，正是因为我和别人不同啊，可就算不是龙，为什么就一定要像别人呢？"

此时的麋鹿才恍然大悟，它再也不自卑了，从此开心地在森林里生活着，还因为保护森林资源而受到动物们的称赞。

狡猾的麋鹿

《战国策·楚三》中提到："今山泽之兽无猛于麋。麋知猎者张罔，前而驱己也，因还走而冒人。至数，猎者知其诈，伪举罔而进之，麋因得矣。"其意思是麋鹿知道猎人张起网来，要把自己赶进网中去，所以，它就掉转身子径直冲向猎人。这样反复多次，猎人便认识到了它的这一狡诈的习性，于是就假装着举起网，诱使麋鹿自己走进来。它竟还是按照老样子直直地朝猎人冲来，于是猎人就把这头狡猾的麋鹿给逮住了。

麋鹿与蜗牛的对话

森林里一派春意盎然，鸟语花香，绿绿的草，密密层层的树木，使得森林里到处是生机勃勃的样子。一只成年的麋鹿顶着头上大丛枯枝般的犄角，趾高气扬地漫步在森林中。它之所以表现得如此天不怕地不怕，不仅仅是因为头上有使敌人忌惮三分的坚硬犄角，还有它后腿的爆发速度，那可是令绝大部分林中猛兽望尘莫及啊！

这次麋鹿来到这片青草地，正是要寻找一处鲜嫩多汁的草丛，好满足自己挑剔的胃口。它有三种草不吃，一是毒草，二是干草，三是被虫咬过的草。它的挑剔程度实在令人发指，但幸运的是它至今仍未饿死，还越来越壮，看来还是要归功于这个富饶而美丽的森林。

它硕大的眼珠挑剔地寻找着嫩草，终于找到了理想的草丛，顿时吞咽口水，正要下口咬尝。"慢着，别吃……"声音虽小，但还是被灵敏的麋鹿听到了。

"你是谁？在哪里？竟敢阻碍我品尝鲜草？"麋鹿猛退后两步，把头上的犄角垂下，正要做出攻势。

"你眼睛睁得大大的，怎么却连我也看不见啊？"说话的是一只灰壳蜗牛，它蹒跚地滑动身躯，挪到一根嫩草的草尖之上，一对触角长在那滩黏液般的身体之上，上下摆动，煞是奇怪。

"我说，你即使冲过来，也未必用犄角刺得着我的。"蜗牛轻蔑地说。

"呵呵，要不是我口下留情，你可能早就在我的肚子里了。可看你那恶心的模样，我怕即使把你吞下也得立即吐出来。"麋鹿反讥道。

蜗牛也不生气，继续问麋鹿："我看你是从来没用过头上的犄角吧？你同类的角都有崩坏的地方，就数你的角保持得最完整，看起来就像树冠一样，就差点叶子罢了。"

"我当然爱惜我的犄角咯！面对一般敌人我都用我那擅长的奔跑逃走，根本不用犄角对付。我还要靠这角对付我一生最大的敌人呢！"麋鹿的意思是，到目前为止遇上的敌人都跑不过它，对于一般的林中猛兽自是不屑一顾。

"先别说我了，你这么渺小，几乎被我吃掉，你该是完全没有办法保护自己的吧？"麋鹿故作关心道。

"我虽然细小，但我背上有硬壳。也因为我的细小，所以才能避免被像你这样巨型的兽类践踏。"蜗牛自豪地说。

"敢问你一句，你不觉得头上的角至今还没有用处，不是一种负担么？"蜗牛继续道。

　　"虽然常常有事没事便要到树干上打磨犄角，但我还是很乐意干这事儿，毕竟我要随时警惕那些对我虎视眈眈的野兽呐！"麋鹿回答说。

　　"可是你完全没有实战经验，该怎么运用你的角呢？"

　　"唉，垂下头用犄角往前冲就是了，还有什么招数可使啊？"麋鹿一时也答不上来，毕竟蜗牛的话已击中了它的要害，它接着问："那你是蜗牛，你不觉得背上的壳是一种负担？出门走到哪里都要带着自己的壳，所以你才走得这么慢。要是逃难的话，你还不首先被灭杀？"

　　此刻的蜗牛无言以对。突然，丛林中闯出两匹野狼来，呲牙咧嘴，淌着口水朝眼前肥美雄壮的麋鹿眼露凶光。麋鹿知它们是不怀好意的，但这次它没办法一下子逃离，因为其中一匹早已绕到了麋鹿的背后，打算前后夹击。麋鹿自恃犄角庞大坚硬，决定与二狼一搏，一是为了证实自己的实力凌驾二狼之上，二来为了储备更多的作战经验，一味的逃亡也会力尽，有时直接对抗困境才能逆转局势。蜗牛见此情景也吓得缩回壳内，对于这场即将掀起的腥风血雨充耳不闻。它不断在内心为麋鹿默默打气，为这个过客加油，希望它能逃出生天。

　　两只狼观察着麋鹿的一举一动，它们好奇此时的麋鹿为何只站着不动，也没有逃亡的意图，于是就转守为攻，打算一鼓作气咬破它的喉咙。麋鹿看着前面的狼飞快向自己扑来，联想到后面的狼也必定发起攻势，于是它也如离弦之箭一样垂下头冲将上去，这犄角被麋鹿磨得很尖锐，当它的犄角刺穿狼的肚皮的那刻，后脚却被另一匹狼给咬住了。撕心裂肺的痛传遍了麋鹿的身躯，它大叫着，挣扎着，想用角扭头刺后面那匹狼，却怎么也够不着。突然间麋鹿的另一只后腿向后一伸，那力度相当于后跃奔前的爆发力，只听见狼呜嗷一声已经倒地，狼牙断裂，鲜血溢满嘴缘。可是麋鹿的一腿也已残废了，只剩下三只腿作支撑，那意味着它再也跑不出快于其他野兽的速度了。但此刻的麋鹿似乎没有伤心绝望，它明白仅靠一种技能是难以在这环境之中生存的。虽然日后麋鹿将会遇上更大的生存挑战，但如果对于生命失去信心，只寄希望于不断逃亡的话，那就永远对抗不了逆境。在这点上，麋鹿确实比只懂得躲藏的蜗牛优胜许多。麋鹿失去了一条腿，它再也不能为它无人能及的奔跑速度而骄傲，不过麋鹿并没有丧失生的希望，因为它找到了自身别的优点，它有锐利的犄角和强劲的后腿呢！要知道，困难是躲不了的，既然这样，还不如直面困难尽力而为。

麋鹿感恩的故事

棠浦镇是陕北一个地处深山的偏僻小镇，以前这里的人主要靠打猎和采药为生。小镇紧靠深山的边缘，人迹罕至，却有几栋不小的宅子。一眼望去，最先映入眼帘的是一座门前挂着红色大匾额的宅子，匾额上面写着四个字：猎户世家。

这家的主人是王师傅。王师傅的祖上，世代皆为有名的猎户。说不清是哪一代，当时虎患甚烈，百姓们无力抵抗，苦不堪言。王师傅的祖上挺身而出，消除了虎患，并建了这座宅子，从那以后，王家世代以打猎为生居住于棠浦镇。因为王家除掉了虎患，棠浦镇才得以平安，所以，镇上的人都把王家当神一般顶礼膜拜。在王家旁边也有一座大宅子，那便是刘家。因为棠浦镇地处深山，所以当地居民只能靠山吃山，有的人选择打猎为生，有的人选择采药为生，刘家一家人心地善良，从不杀生，世代都是靠采药为生。

一天清晨，太阳刚刚升起，老刘就背着篓子上山采药，一路上看见各种小动物在打闹，伴随着小鸟的叫声，老刘不禁感叹这种生活是多么和谐美好。到山上后不一会工夫，老刘就采满了一篓子的药草，坐在一棵树下休息了会儿，准备回家吃早饭。这时碰见了老王正拿着弓箭上山准备打野鸡，出于好奇，老刘便想跟着老王去看看他是如何打猎的，老王为了炫耀自己的打猎本事，于是说："老刘啊，今天我带你开开眼界，咱不打野鸡，咱去深山找个大家伙。"老刘没说什么，点了点头跟上了老王的步伐。

进到深山后，老王熟练地隐藏了起来，躲在草丛后面，让老刘趴在他的身后看着，就这样静静地等了大概半个小时后，一只小野猪进入了他们的视线，

"这是一只出来玩耍的小野猪，你别看它小，它其实非常灵敏，力气也很大。"老王说道，随即拿起弓箭，就在他拉开弓瞄准的瞬间，那头野猪突然窜到草丛里往深山跑去，好像意识到了危险一样。老王放下弓箭叹了口气："唉！让它给跑了，要不然今天就有野猪吃了，这野猪崽子真聪明！"老王刚说完，就有一只麋鹿出现在他们视线中。"这只麋鹿好肥。"老刘说道。

老王拿起弓箭准备开弓的那一刻，麋鹿拔腿就跑，但是老王的箭飞得更快。只听见扑通一声，麋鹿倒在地上，老王跟老刘上前一看，麋鹿被弓箭射中了大腿。按理说它应该可以逃跑的，为何就倒下了呢？老刘说道："这麋鹿应该是怀孕了，你看它的肚子这么肥，估计是怀孕了跑不动，为了保住孩子所以躺地上了。"老王顿时笑了笑："一箭双雕啊，今天收获不小啊。"

　　老王拿出屠刀准备宰了这只麋鹿，只见麋鹿前脚呈跪着的姿势，一行行眼泪不停流下。老刘见状，心里不免酸酸的，随后麋鹿又发出了哀叫，好像在恳求两人放它一条生路。老刘实在看不下去了，便跟老王说："老王啊，要不咱放了这只麋鹿吧，你看它都怀孕了，看着挺可怜的，实在不行就算我买下它了，你看可以不？"最后老王拗不过老刘，就以一个较低的价格把麋鹿卖给了老刘。老刘帮麋鹿包扎好了伤口，又每天给麋鹿送食物，帮助麋鹿顺利产下了小麋鹿。渐渐地，麋鹿伤势痊愈了，老刘心里感到非常高兴。谁料某天老刘再来看麋鹿的时候，麋鹿已经走了，老刘心里空落落的。

　　几个月后，老刘和老王从山上回来。在离家很远的地方就听到各自的小孩在痛哭求救，老王跟老刘感到情况不妙，拼命往家里跑。当老刘跟老王回到家后，眼前的一幕吓到了他们，两个小孩蜷缩在家门前，一只老虎嘴里正叼着一只麋鹿从他们身旁跑过去。原来，这只老虎是来觅食的，正好路过他们家，见到老刘和老王的小孩在门前玩耍，准备吃掉这两个小孩。突然一只麋鹿跑过来，为了不让这两个小孩受到伤害，麋鹿心甘情愿让老虎吃掉，为的就是报答老刘的救命之恩。经历了这个事件后，老王也开始以采药为生了，不再打猎，并且把门前的那块匾额也拆了下来。

麋鹿和老虎的故事

炎热的夏天到了，火辣辣的太阳晒得人浑身出汗，嗓子冒烟。一头麋鹿口渴极了，它跑啊跑啊，来到小河边上喝水，它把嘴凑近水边，喝了个痛快。喝完之后，麋鹿长出了一口气，它抬起头来，忽然看见了自己在水里的影子。

河水又清又亮，把麋鹿的影子清清楚楚地映了出来。麋鹿看到了自己头上的角，它得意扬扬地想："我的角多么雄壮，多么美丽，谁也比不上！"

可是麋鹿低下头看见自己的腿，瞬间就闷闷不乐了，它叹了一口气，说："唉，我的腿又细又丑，和我的角哪里相配啊！"麋鹿正想着，突然远处出现了一头老虎，向它猛扑过来。

麋鹿吓坏了，转身撒腿就跑，老虎在后面紧追不舍。麋鹿拼命地向前逃跑，现在，麋鹿的腿可救了它的命啦。麋鹿的四条腿看上去又瘦又丑，可是很有力量。就这样，麋鹿撒腿飞奔，越跑越快，把老虎甩下了一大截。

"前面就是树林了！只要进了树林，老虎就会被树木挡住视线，再也抓不到我了。"麋鹿一边想着一边冲进树林。可是麋鹿没跑几步，它的角就和树枝缠在一起，怎么也解不开。眼看着老虎越追越近，麋鹿却没法动弹，只好等死。

麋鹿深深地叹了一口气说："真没想到，我嫌弃的腿救了我，我整天为之自豪的角却害了我呀！"

糊涂的麋鹿

从前有一个当了国王的狮子生了病，他听说喝麋鹿血才能康复，于是便让狐狸去把麋鹿骗来。狐狸见到麋鹿之后，就对他说：狮子大王快要死了，狮子大王说野猪愚蠢无知，熊懒惰无能，豹子暴躁凶恶，老虎骄傲自大，只有麋鹿你才最适合当国王，因为你的身材魁梧，年轻力壮，所以狮子想让你继承他的王位，你赶紧去看望一下狮子，让他增加对你的好感。

麋鹿还真去了，还没等麋鹿进洞，狮子就扑了过来，麋鹿的一只耳朵被扯掉了，但麋鹿还是拼命逃了出来，捡回了一条命。

狮子很生气，又让狐狸去把麋鹿骗回来。狐狸又一次去见麋鹿，麋鹿这回根本不搭理狐狸，于是狐狸说：狮子只想在你的耳边说悄悄话，你却玩命似的逃出来，我给你担保，狮子是绝对不会伤害你的，你再去一下吧，否则狮子就要将王位传给狼了。

麋鹿又一次听信了狐狸的话，这次麋鹿没能逃脱，成了狮子的盘中餐。

在狮子吃麋鹿的时候，狐狸在一旁偷偷吃掉了麋鹿的心。狮子发现没有吃到麋鹿的心，就问狐狸，狐狸说，麋鹿两次把自己送到你的家门口给你吃，还会有心吗？

糊涂的麋鹿经不起狐狸的诱惑，三番两次上当，终于丢失了自己性命，还遭到别人的嘲笑，真是可悲。

其实。在现实社会中，也发生过这样的事情。

在春秋战国后期，楚怀王就扮演了类似麋鹿的角色。当时秦国有一个叫张仪的人，为了破坏齐国和楚国的联盟，就骗楚怀王说，只要齐楚两国不联手，就送给楚国六百里的富饶之地。楚怀王相信了，撕毁了盟约，结果秦国说只肯给六里的土地，楚怀王大怒，发兵攻打秦国，结果三战三败，楚国逐渐衰落。

后来又有一次，秦国占了楚国几座城池，秦王约楚怀王去秦国谈判，说要归还城池。楚怀王不听屈原的劝阻，又一次相信了，这次却一去不回，被秦国囚禁至死，楚国迅速灭亡，屈原也因此投江自尽。

这个故事告诉我们，面对诱惑，应该保持一颗清醒的心，才能避免上当。当前社会日新月异，商品也是琳琅满目，我们不能见到什么好东西就趋之若鹜，而应该努力学习，丰富自己的精神生活，树立正确的价值观，这样才能明辨是非，不被眼前的小利冲昏头脑。

大逃杀

有一群猎人，他们生活在深林之中，祖辈以打猎为生。一天，猎人们像往常一样去捕猎，在他们快要空手而归的时候发现了一大群麋鹿，他们兴奋极了。于是，他们个个都屏住呼吸，悄悄地向鹿群靠近，为首的麋鹿仿佛嗅到了空气中的危险气息，于是开始带领鹿群奔跑起来。但很快鹿群就被猎人和猎狗追上了，也许是慌忙逃生时慌不择路，鹿群被逼到了一处断崖，断崖距对岸很远，有十米左右的距离，麋鹿想逃走看来是不可能的了。

猎人们兴奋极了，他们没想到竟会如此轻易的猎到这么一大群麋鹿。他们仿佛看到了丰盛的晚餐，闻到了庆祝的酒香，看到了女人崇拜的目光。他们的生活会因为这群麋鹿而变得富足起来。可是，正在他们憧憬快乐生活的时候，却被眼前的一幕惊呆了。他们看到为首的麋鹿拼命地向对面跳去，就在它快要落进山谷的时候，又一只麋鹿腾空跃起，踏在头鹿的背上，奋力一跃，竟然跳到了对岸，而头鹿沿着它跳跃的优美的弧度跌入了谷底。接着，有一半麋鹿竟然都以这样自杀般的方式跳到了对岸，而另一半麋鹿却纷纷落入了谷底。猎人们几乎不相信自己看到的一切，他们被惊呆了，心里不禁暗暗地想：如果陷入绝境中的是自己，又当如何？

主动献鹿的故事

楚王是一个非常喜欢狩猎的君王，他很早就知道自然界的动物不能一日穷尽，要保护它们的生存环境，让它们可持续生存下去，才能保证自己的基业千秋永延。

一日他在深山里狩猎，遇到了一大群麋鹿，约千余头。楚王见到后欣喜万分，命令所带来的侍卫及随军分兵两路将群鹿驱赶至一个大峡谷中。峡谷没有其他的路可逃，楚王命令所有的弓箭手列队，准备将这群麋鹿全部射死，再供军士们享用。

忽然一个雄壮的麋鹿避开鹿群和军队来到楚王的面前，跪在他的面前说："我是这群麋鹿的鹿王，今天我们被您和您的侍卫及随军逼到这里，大王您如果想完全消灭我们，那我们这个种群将会永远消失绝迹，我希望大王悯恤我们、放了我们，我们愿意自即日起，每日献上一头鹿给大王食用，这样大王就可以长期享用，而我们这个种群也不至于绝种消失，可谓两全之策。"

楚王听了这番话后觉得很有道理，于是下令分开已经形成的围歼之势，让麋鹿从峡谷的另一面逃走了。

鹿王没有违背自己的诺言，从此每天都放一头死鹿在楚王狩猎的地方。时间过去了三年，直到楚王驾崩，这个主动献鹿的活动才停止。

对手，你好！

这里先要介绍美国第 26 届总统——西奥多·罗斯福，因为他与本故事有关。西奥多·罗斯福发起保护自然资源的"社会诊治工业文化综合征"运动，收到明显效果。他执政 7 年，将大量土地转化为国有，从而为后代保存了大量的国家森林、公园、矿藏、石油、煤田和水力资源，为公共事业预留土地，并且促进农田水利项目。

同时在美国某原始森林里，有一群麋鹿生活在那里，但是它们受到狼群的袭扰，西奥多·罗斯福知道了这种现状，立即找来猎人对狼群大肆捕杀，同时清除了豹子、狮子的威胁，麋鹿的天敌减少了。由于没有了天敌，鹿群大量繁殖，吃光了草原上的草，第二年瘟疫开始流行，病死的鹿远远超过了被狼咬死的鹿，鹿群从 3 万只锐减到不到 3000 只，西奥多·罗斯福至死也不明白，他下令保护麋鹿的措施为什么会使麋鹿数量反而下降。

这就是自然的奥妙，大自然让狼、豹等动物吃掉体弱多病的鹿，对鹿起着先天的优选作用，可以说，有了狼，鹿才能生存。这就是大自然的生物链，它是不能被人为破坏的，否则将会造成严重的后果。

这个故事还告诉了我们一个深刻的道理，那就是被宠坏了的物或人，但凡遇到了一点点小麻烦，就会像麋鹿群一样手足无措。有时，对手也是朋友，对手往往可以促进我们的竞争意识，使我们不断追求进步，从而提高自身的能力，有了对手，我们才能更加勤奋进取。所以不要抱怨对手太强，不要讨厌对手，我们不妨对自己的对手说一声："对手，你好！"

麋鹿东进的故事

麋鹿有一个无法考证的习惯，逃散和迁徙似乎只有一个方向，那就是向东，向东……

《墨子·公输》记载："荆之地，方五千里，宋之地，方五百里，此犹文轩与敝舆也。荆有云梦，犀兕麋鹿满之，江汉之鱼鳖鼋鼍为天下富，宋所谓无雉兔鲋鱼者也，此犹粱肉之与糠糟也。"

麋鹿指什么？两种动物，即当时的麋和鹿。如《本草纲目》就这样记载："麋，鹿属也，牡者（雄性）有角。鹿喜山而属阳，故夏至解角。麋喜泽而属阴，故冬至解角。麋似鹿而色青黑，大如小牛。"春秋战国时期的"云梦"特指楚王游猎区，除了江汉平原，还包括平原之外的一些山峦。这里不乏森林动物，比如梅花鹿也是这里的物产。墨子记载的几种动物皆以单字为名，因此，不能按一种动物去理解麋和鹿。

西晋张华的《博物志》记载："海陵县多麋，千百为群，掘食草根，其处成泥，名曰麋唆田。民随而种，不耕而获，其利所收百倍。"西晋张华时代与东周墨子时代相距多久？大约600多年。海陵在哪里？今江苏泰州，因丘陵傍海而得名。从墨子到张华的600多年里，古生云梦的麋鹿东进了。据历史考证，海陵乃至整个江苏在春秋战国时期即有属地产麋的记录。麋鹿自春秋战国之后在荆地的记录越来越少。在这600多年里，除了海陵有"海麋"的记载，江西也同时有了麋的记录。

由此我们似乎可以描绘一张麋鹿东进的路线图。如果简单地描绘这张图，可以说"云梦"是起点，海陵是终点。但是，如果考虑顺水而行，中间点应该很多，比如洞庭湖区就是首要的一个。还有，麋鹿变成海边的"海麋"，长江入海口应该成为沿江而行的终点，而海陵只是"海麋"生活的其中一站。似乎可以说，麋鹿即为当时中国的特产。由于麋鹿在春秋战国之后东进了，于是出现了"海麋"和海陵多麋的现象。

从荆楚"云梦"到长江沿岸或者江苏海陵，相距千里，麋鹿为何如此迁徙？根据动物适应环境的基本原理，可以得出一个推论：环境变化到了麋鹿不走不行的地步！

环境是主体的周围世界。若以麋鹿为主体，并且把人放在首位，我们可以这样说，麋鹿的环境由人和自然界组成。在自然因素中，最能改变生存环境的气候在那个历史阶段变化不大，其他自然因素不会影响到麋鹿的生存。但是，以人为轴心的环境变化却在加剧，例如江汉平原的人口剧增，导致人均耕地减少，围湖造田成风就是当时的情况。这对麋鹿来说，无疑是生存环境变窄了。如果窄到一定程度，它们除了外迁，似乎没有别的出路。

麋鹿何处去？从理论上讲，向南向北均不可能。因为麋鹿已经进化成了生存环境极其狭窄的巨型动物，向南向北将面临气候骤变，麋鹿很难陡然适应，可知麋鹿外迁不会首选南北方向。那么，向西如何？"云梦"之西为蜀道，对人都是"蜀道难，难于上青天"，对麋鹿就不用提了。再说，去了也是不宜生存，又何必多此一举呢？

所以，麋鹿外迁只有一个选择，那就是东进，东进，再东进！到了不能再进才会另做打算。如何打算？被逼到海边的"海麋"，除了向南就是向北，哪里人烟稀少就朝哪个方向渗透！如果是这样，海陵在西晋时代多麋也就不足为怪了，因为那时的苏北相对荒芜，可供"海麋"苟延残喘。"海麋"在苏北境况如何？事实表明，"海麋"在苏北也没有逃过灭绝之灾。究其原因，还是跟麋与人的密集程度有关。

据资料介绍，若把黑龙江瑷珲与云南腾冲两地连成一线，我国人口与土地的分布呈现两极分化。在"瑷腾线"以东，国土面积约为 36%，以西约为 64%，呈现为"东少西多"。再看人口数量，在 1933 年，以东人口约为全国的 96%，以西人口约为 4%，到目前也是"东多西少"的格局。而麋鹿就分布在一个"人多地少"的特别地带，其前途和命运在当时是可想而知的。既然"人多地少"，我们用什么办法恢复野生麋鹿？办法就是修复湿地，还泽于麋！除了还泽于麋，难道还有别的选择吗？没有！但是修复湿地，还泽于麋并不容易。

难题总能激发人的想象，于是有人作了这样的解释："人往高处走，水往低处流。因为麋鹿喜水怕人，自然'顺水推舟'；而江水东流，麋鹿也会顺水向东走。"这个解释涉及人、地、水、麋四者关系，不能说毫无道理。

麋鹿和棕熊的故事

一天，麋鹿路过棕熊的洞穴时，听到了棕熊和狐狸的对话，只听棕熊说："麋鹿的洞穴冬暖夏凉，是整座山上最好的一个，明天我就要赶走它们搬进去！"

又听得狐狸的声音："是啊是啊！您是一山霸主，理应住在这座山上最好的一处洞穴才是！"

棕熊得意地哼了一声。

洞穴外的麋鹿听了，害怕至极，它赶紧跑回家，与家人商量。

麋鹿的妻子听了，说："不用害怕，我有个好办法！"于是悄悄地把这个办法说与丈夫听。

第二天，棕熊和狐狸来到麋鹿的洞穴外，正要进去，就听见里面的谈话声，只听麋鹿说："老婆，快把水烧开，棕熊就要来啦！"

麋鹿的妻子说："什么？棕熊？你说要炖了它？"

麋鹿说："是啊！我们已经和狐狸商量好了，它一定会把棕熊骗到这里，到时候嘛……哈哈！"

洞穴外的棕熊听了，转向狐狸，脸上满是愤怒的表情，一把揪起狐狸就将它踢飞了。棕熊感到自己受到了狐狸的欺骗，不好意思面对麋鹿，就悻悻地离开了，再也不谈强占麋鹿洞穴的事了。

君子不夺人所好，棕熊的诡计被麋鹿的妻子用妙计打破后，再也不好意思在自己的邻居麋鹿面前抬头了，因为自己感到很愧疚。

我们不能因为自己的私欲就做出伤害他人的事情，不能让欲望打破我们做人的原则和底线。和他人和睦地相处，抱着谦卑的心态生活，自己才会更加快乐。

敢想敢做的小麋鹿

　　清晨，小麋鹿鲁比起来跑步，跑步结束后，偶尔会遇到几只早起的鹿，他们感到很诧异："鲁比，你这么早起来跑步干什么？"鲁比大声回答："因为我要成为森林中最出色的小麋鹿！"

"哈哈，就凭你！"大家使劲儿嘲笑他。大伙吃东西的时候，鲁比并不吃草地上或低处的树叶，而是使劲跳去吃高处的树叶。大家很奇怪，就问他："鲁比，只要吃饱就行了，为什么要浪费那么多力气去吃高处的树叶？"鲁比大声说："因为我要成为森林中最出色的小麋鹿！""哈哈，又在做白日梦了！"大家笑道。

鲁比并没有理睬那些冷嘲热讽，继续坚持锻炼。当它觉得自己够强壮的时候，就去跟其他鹿挑战，渐渐地，它们不再小看鲁比了。

终于有一次，年长的鹿王把大家召集在一起宣布："我已经老了，没法再领导大家了，所以我决定通过决斗选出新的鹿王，所有年轻的公鹿都可以参加。"决斗开始了，这是一场激烈的厮杀，大家都拼尽了全力。大多数公鹿都倒下了，只剩下鲁比和壮壮。壮壮非常强壮，鲁比很少赢过他。战斗开始了，鲁比几次差点被打倒，但鲁比反复对自己说："我一定要成为森林中最出色的麋鹿。"面对鲁比百折不挠的进攻，壮壮最终倒下了。鲁比敢想敢做，终于成为了新的鹿王。

小麋鹿的经历告诉我们，梦想成真的关键就在于是否有勇气行动，是否敢于大胆尝试。其实没有能不能，只有敢不敢而已！因为当你真正决心采取行动的时候，一定要相信自己能够克服任何阻碍，战胜一切困难，到达胜利的彼岸。

猴子和麋鹿的故事

有一天，猴子碰见了麋鹿。他们俩呀，都说自己的本领大，说着说着吵起架来了，最后决定来个比赛。他们看见松鼠在树上吃果子，就请松鼠当裁判员。松鼠说："好哇，你们谁先拿到我这果子，就是谁的本领大。"猴子听了，连忙爬上树去，从松鼠那儿接过果子，高兴得乱蹦乱跳，喊着："胜利了，胜利了!"麋鹿不服气，说："咱们再来比赛一次。"他们看见野马在草地上吃草，就请野马当裁判员。野马说："好哇，你们谁先跑到那边山脚下，就是谁的本领大。"麋鹿听了，撒开四条腿就跑，一会儿就跑到了。猴子一蹦一跳的，怎么赶得上啊。麋鹿摇头晃脑高兴地喊道："胜利了，胜利了!"这回猴子又不服气了，他说："第一次比赛我胜利，我的本领大。"麋鹿说："第二次比赛我胜利，我的本领大。"他们又吵起来了。

这时候，正好老熊来了，老熊想了一想说："你们还是再比赛一次吧，我来当裁判员。你们瞧，小河对面有棵桃树，谁先摘到桃子，就是谁的本领大。预备——跑!"跑起路来，当然是麋鹿快，"得，得，得……"一眨眼就把猴子扔在后面了。他一直跑到小河边，只一跳，就跳过了小河，向桃树跑去。猴子在后面紧紧追赶，跑呀，跑呀，好不容易才跑到小河边。可是它跳不过去，心里干着急!麋鹿呢？早就站在桃树底下了。可是，桃树长得很高，他伸长脖子跳了又跳，还是摘不到桃子，也在干着急呢。猴子眼看自己过不了河，麋鹿过了河，可是摘不到桃子，就喊了起来："麋鹿，你快回来！你来驮我过河，咱们一起去摘桃子。"麋鹿听了，心想："对呀！我跟猴子一起摘桃子，准能把桃子摘下来。"他赶紧往回跑，驮了猴子跳过小河，飞快地向桃树跑去。他们来到树下，猴子轻轻一跳，就从麋鹿的背上跳上了树。他攀着树枝，很快摘到了桃子。猴子和麋鹿把桃子交给了老熊，老熊笑眯眯地说："现在你们明白了吧，你们两个都有本领，可是合起来本领才会更大。"猴子和麋鹿听了老熊的话，都觉得很对。它们之后再也不吵了，成了互相帮助的好朋友。

　　故事最后猴子和麋鹿成为了好朋友，因为它们懂得了什么是合作。所以，不要随便和其他人闹不愉快，要和睦相处，相信大家都能成为好朋友的！

机灵的小麋鹿

　　森林中，有一只小麋鹿正在一池清清的湖边饮水，这时，一只凶猛的老虎朝湖边走来。老虎发现小麋鹿后便马上站住了，不怀好意地大笑起来，随后穷凶极恶地喊道："哈哈！小麋鹿，一顿多美的晚餐啊！我已经好几天没吃东西了，快快过来，让我美美地饱餐一顿！"

　　"哎哟，看你的样子真像是饿极了，"小麋鹿极力克制住自己的恐惧，其实，它一见老虎的大爪子和尖尖的白牙早就吓得浑身发抖了。它边想对策边装作同情的模样和老虎搭讪："啊，可怜的老虎！我多愿意成为你的一顿美餐呀，可我实在太瘦小了，怎么能填饱你那么大的肚子呢？"

　　"可我饿得要命！"老虎不耐烦地吼道。

　　小麋鹿灵机一动，说："依我看，你最需要的是一个人的肉！人有两条胳膊、两条腿，块头儿也特别大，保准让你美餐一顿！"老虎一听，禁不住直流口水，忙说："行！但是你必须带我去捉到人，要是没有捉到，就吃你！""行！"小麋鹿高兴地喊道。它把老虎带到路边，藏在草丛后面，等人经过。不一会儿，走过来一个小男孩，正背着书包去上学。他光顾着想他的作业，没有注意到有两个动物正盯着他。"那是人吗？"老虎问。

"那不是人，"小麋鹿回答，"那是将要变成人的人，他还需二十多年才能成人呢。"随后，一位老人拄着拐棍儿慢腾腾地走了过来，老虎又问："这就是你说的人了吧？他怎么那样瘦？"

"不，不，那不是人。那只不过是人的残余。像你这样高贵的动物是不会吃残食的！嘘……别出声，你看，真正的人来了。"老虎强抑心中的不耐烦，抬眼一瞧，果然有一个强壮的猎人扛着猎枪在路上大踏步走来。"瞧他那肥壮的身体，浑身是肉，他的脸多红润，你吃了这个人肯定就不再想吃我了，是吗？"小麋鹿说。

"可能是这样吧，小麋鹿，看我的！"老虎说着，向猎人猛扑过去，可是猎人的动作比它更快，只听"呼"的一声，老虎倒下了，再也没有醒过来。

小麋鹿高兴极了，也疲乏极了，它又回到湖边去喝水。正喝着，忽然觉得有什么东西抓住了它的一条腿，"呀，鳄鱼！"它惊恐地差点儿喊出声儿来，但它马上掩饰住自己的愤怒和惊恐，大笑着说："啊！可怜的鳄鱼，你什么时候才能学会辨别鹿腿和拐棍呀？告诉你吧，你紧紧抓住的不过是一根普普通通的旧拐棍呀！"鳄鱼冷笑着说："这回我不会再上你的当！我抓住的就是你的腿，今天我一定要吃掉你！""我可没功夫跟你开玩笑，"小麋鹿说，"如果你认为我是在骗你，那请你看看这又是什么呢？"小麋鹿说着，把另一条腿在鳄鱼眼前晃了晃。

愚蠢的鳄鱼终于相信了小麋鹿的话。它迅速放开抓住的那条腿去抓另一条腿。说时迟那时快，就在鳄鱼松嘴的一刹那，小麋鹿就灵巧地跳开了。它跑到安全的地方，回身对鳄鱼说："再见吧，蠢货！"鳄鱼只好垂头丧气地潜入湖中。

不一会儿，小麋鹿碰到一只蜗牛，它高兴地把自己两次辉煌的战绩讲给蜗牛听。小麋鹿越讲越兴奋，竟向蜗牛挑战，要和它赛跑。它本以为这样一来，蜗牛肯定会低声下气地向它服软，谁知蜗牛竟勇敢地接受了小麋鹿的挑战，并满怀信心地说它一定能赢。小麋鹿听后禁不住哈哈大笑。

比赛开始了，小麋鹿一路领先，跑起来像一阵风似的，可当它到达终点时，蜗牛早已在那儿等它了。小麋鹿惊讶得简直不敢相信自己的眼睛，于是它再一次向蜗牛挑战。可是不管跑多少次，蜗牛总是胜利者。

原来，这是聪明的蜗牛预先设计好的一个圈套：每次在终点的都不是同一只蜗牛，先是蜗牛的朋友，然后是蜗牛自己。两只蜗牛长得一模一样，小麋鹿根本看不出来。

骄傲的小麋鹿终于跑得筋疲力尽，它倒在地上大口大口地喘息着说：“蜗牛……先生，你……你，你赢了……”

故事里的小麋鹿很聪明呢！不过当它顺利逃离了危险，它又开始骄傲起来，没想到最后却输给了小小的蜗牛。这个故事告诉我们，做人不能骄傲自满，而且不管怎样，都不能轻敌。

麋鹿与葡萄藤的故事

麋鹿为了摆脱猎人的追捕，躲进了一片高大的葡萄架下，凭借葡萄架的遮挡以及天气情况，得以死里逃生，它终于松了一口气。

猎人们认为是他们的猎犬弄错了方向，于是唤回了猎犬。脱离危险的麋鹿干了一件极其愚蠢的事情，这给它造成意想不到的结果。它完全放心了，正好也饿了，便开始仰头大嚼葡萄叶。

不远处的猎人听到了动静，他们又看到了希望，返了回来继续对麋鹿展开追捕。起初遮掩麋鹿的葡萄叶成了它的腹中餐，这下它彻底地暴露在猎人和猎狗面前，它无法逃脱了。在葡萄架下，麋鹿被捉住了。

麋鹿的死就是"背信弃义、过河拆桥"的结果，像这样的人有很多，他们会有好下场吗？结果是否定的，那些恩将仇报的人将会受到惩罚。

老虎与麋鹿

一只老虎，非常狂妄。

它遇见一只漂亮的麋鹿，说："我要吃掉你！"

麋鹿说："不行呀，我在长白山天池边上土生土长，是吸吮了天池的'天、地、山、水'之精华而修炼成的仙麋鹿，你吃不了！"

"笑话！天、地、山、水我都吃过，还吃不了你这只小小的麋鹿？"老虎得意地说。

"你吃过天？"麋鹿问。

"噢，吃过，吃过！"老虎稍稍迟疑了一下，"天嘛，与甜同音，它的肉甜得很呢！""那，地的味道怎样？"麋鹿问，"地嘛，因为地上的生物是各不相同的，所以味道也是多种多样的。如羊有膻味，鸡有鲜味，猪有油腻味……"老虎越说越得意。

"难道你连山也吃过？"麋鹿又问，"吃过吃过。我是山大王嘛！山里的东西我全吃过！"老虎说。

"那水，你更是吃过了？"麋鹿逗它。

"吃过吃过，东海龙王是我的结拜兄弟，啥样海鲜湖鲜都往我这里送。凡是海里的、湖里的、江里的东西，我都吃遍了。"老虎很是自豪。

麋鹿想了想，装出很敬佩的样子，对老虎说："看来你真了不得，不过，这'天、地、山、水'，你都是分别吃的。我们长白山的天池呀，可是凝聚了天地山水的精华哎，如果你能把天池吃了，才是最了不起哟。你吃了天池，我才愿意让你吃。"

"一言为定。哼！我一定要把这天地山水的精华吃了！"老虎很有信心地跟着麋鹿来到天池边。

老虎看着这么大的天池，面露难色，但强作镇静，当即飞身跃起，张嘴作吞食之势。只听扑通一声，这只不自量力、狂妄至极的老虎掉入了天池……

老虎实在是太狂妄了，他以为"天上地下，唯我独尊"了，然而它忘记了"人外有人，天外有天"这句话，才做出如此不清醒的举动。自以为自己了不起，这种想法真是个大大的错误。

麋鹿和黄牛的故事

麋鹿和黄牛同在一个山坡上吃草，他们相遇了。

"你长得真丑呀，呆头呆脑且不说，还顶着一对粗俗笨重的双角就更不雅观了。"麋鹿嘲笑黄牛的同时不忘记标榜自己，"而我长得多美，头上这对独特的鹿茸角像树枝更像珊瑚，而且还是珍贵的药材，谁见了会不感到羡慕。"

麋鹿得意扬扬地说着，同时在黄牛眼前不断地摇摆头上的鹿茸角极力炫耀。就在麋鹿忘乎所以时，一只狼悄然出现在它眼前。麋鹿惊慌失措，连忙转身往树林里跑，可那一对美丽的鹿茸角却被树枝挂住一时挣脱不开，眼看就要落入狼口。就在危急关头，一旁的黄牛挺身而出，用它那一对结实尖锐的牛角对狼发起攻击，将狼赶跑。麋鹿在黄牛的保护下脱险了，它对黄牛既感激又惭愧。

"我实在不应当嘲笑你。"麋鹿红着脸对黄牛赔不是，"今天若不是借助你的角，我可就没命了"。

"能认识到这一点就好。"黄牛宽容大度地回答。

这个故事告诉我们，随意看不起别人是一种轻浮的表现，因为不管是谁，都不可能十全十美，也不会一无是处。关键时刻，外表好看的东西不一定都有用，而让人看不起的东西却常常有大用途！

受伤小麋鹿的遭遇

一只小麋鹿受伤瘫倒在草地上，一名男子看到了这只受伤的小麋鹿，男人心想："这头鹿卖了一定值不少钱，鹿皮还可以做一身漂亮的衣服。"想到这，男人立刻回家取车。

一个老人看到了这只受伤的小麋鹿，对它说："你身上的伤好像很严重，但是对不起，我不能帮助你，我是一个贫穷的人，没办法养活你。"老人说完便离开了。

第三个人是一个孩子，孩子伤心地看着小麋鹿，对小麋鹿说："你真可怜，你愿意跟我回家吗？我会帮助你治疗伤口。"小麋鹿点了点头，表示愿意，小麋鹿一瘸一拐地跟着男孩回到了家，在男

孩的照顾下，很快地恢复了健康。

　　这个故事告诉我们，第一个人是个邪恶的坏人，第二个人是个自私的人，而第三个人是善良的人。这三种不同的人在面对同一件事的时候，他们的态度和处理的方式是不一样的。

聪明的麋鹿

　　有一天，一头年轻的麋鹿到狮子家去送食物。那头年轻的麋鹿带了一块巨大的肉，狮子吃了一顿大餐，但坏狮子还不满足，它渴望得到更多。说实话这个坏狮子就是想品尝麋鹿肉，它想吃掉身体硕大的麋鹿。

聪明的麋鹿思忖了一会，计上心头，想到了更好的办法逃离坏狮子。

于是它转过身来，对狮子说："在来您家之前，我遇到了一个强大的狮子，它离这里很远，它声称自己是国王！还说想和你见面。"

坏狮子愤怒地说："好大的胆子！那只狮子在哪？你带我去看看。"

麋鹿带着坏狮子来到河边，指着狮子的倒影说："就是它，我的主人！"愤怒的狮子果然看到一只"大狮子"在水里向它张牙舞爪，于是它猛地向水里的"狮子"扑过去，开始攻击它。坏狮子不知道水很深，最后淹死在河里。

那只聪明的麋鹿在丛林中结束了狮子的统治，自己成为了动物王国的主宰。

当你遇到困难时，你会选择怎样做呢？是退缩，是回避，还是勇往直前？如果退缩，困难这座大山就会永远矗立在你的面前；如果回避，困难这只拦路虎就会永远拦住你的去路。因此，我们要勇敢地面对困难，用智慧战胜困难。

麋鹿与小溪的故事

森林里有一只美丽的麋鹿，总觉得自己很了不起。一天，麋鹿来到了小溪边，它望着溪水里映着的自己，自己夸起了自己：

"瞧，我真美丽！像树干一样苍劲的角，珍珠一样白而毛茸茸的斑点，细长而有力的腿，不胖不瘦，真完美！"

一旁的小溪说道："虽然你美丽，但是没什么作用啊，你整天只会夸耀自己美，就没想到大伙儿干活的辛苦吗？"

麋鹿不服气了，它嘟起嘴，把蹄子踏得哒哒响，说："我？我那么强壮，力气自然比你大多了，哪像你，涓涓细流，柔弱无力，还口口声声地教训我！"

"好啊，既然你自以为力气比我大。"小溪笑着说，声音清脆得像铃铛响，"我们就来打个赌，看谁能用两年的时间，把一块巨石打磨得光滑圆润。"

麋鹿冷笑一声说："两年把石头磨圆？对于我来说太容易了，因为用不了几个月，我就可以直接把巨石踢碎！"

两年里，小溪一直不停地用全身力气来打磨巨石，每磨完一个角，小溪就会为自己加油。而麋鹿根本就不把它和小溪的约定放在眼里，今天去洗洗澡，明天去采花，后天去参加约会……

麋鹿看见小溪正在努力打磨巨石时还轻蔑地看了小溪几眼，小溪没有理会，依然努力打磨巨石。

一眨眼，两年过去了，原本坚硬且有棱有角的巨石被小溪磨成了一个硕大的石球。小溪把它托起，欢呼雀跃，而麋鹿呢？它正用蹄子在使劲地踢巨石，可巨石连动都没动一下，更别说裂开了，突然，麋鹿脚一痛，竟晕在地上。

小溪赢了，麋鹿输了。

从此，森林里少了一头骄傲而美丽的麋鹿，却多了一头拖着残腿走不快的麋鹿。

骄傲使人落后。麋鹿就是因为骄傲而从一只美丽的鹿变成了残腿走不快的鹿，我们千万不要像麋鹿那样骄傲自满。

麋鹿历险记

一天，麋鹿出门玩，没走多远就碰到了大灰狼。麋鹿害怕极了，它撒开腿就拼命地向森林跑去。

麋鹿跑呀跑，遇到了小壁虎，"小壁虎，救救我，大灰狼在追我。"

小壁虎说："你可以把尾巴拉下来扔掉，迷惑大灰狼！"

麋鹿试着拉了拉自己的尾巴，"不行不行，太疼了，我还是继续跑吧。"

麋鹿跑呀跑，遇到了黄鼠狼，"黄鼠狼，救救我，大灰狼在追我。"

黄鼠狼说："别急别急，我来帮你，你可以学我放个臭屁，大灰狼就抓不到你了。"

麋鹿撅起屁股，憋足了气，"不行不行，太难了，我还是继续跑吧。"

麋鹿跑呀跑，遇到了花狐狸，"花狐狸，救救我，大灰狼在追我。"

花狐狸说："别急别急，我来帮你，你可以学我躺下装死，大灰狼就抓不到你了。"

麋鹿试着躺下来，"不行不行，我学不了，我还是继续跑吧。"

麋鹿跑呀跑，遇到了小青蛙，"小青蛙，救救我，大灰狼在追我。"

小青蛙说："别急别急，我来帮你，你可以学我这样做。"小青蛙边说边跳入一大片荷叶丛中，不见了。

"噢，我明白了。"麋鹿说着就飞快地跑进了大树林。阳光洒进大树林，麋鹿身上的颜色就像树林里的树叶，特别是它的那对角更像树林里的枯枝，大灰狼睁大了眼睛，可怎么也找不到麋鹿，只好灰溜溜地走开了。

每个动物都有一个保护自己不受伤害的方法，可是这些方法并不是适合每个人。在生活中也是这样，也许对别人适合的东西，对你来说却并不是那么回事，在这个世界上，只有适合自己的才是最好的。

麋鹿与彼岸花的故事

一只麋鹿在大雾弥漫的森林与家人走散了。

它尝试往无数个方向走去，却总是兜兜转转回到原地。

树缝间有一轮若隐若现的月亮，月亮上摇曳着一株白色彼岸花。

在这个黑黢黢的森林里，那是麋鹿目之所及唯一温暖的存在了，于是它开始跟着月光洒下的痕迹走啊走。

每个夜半时分，月亮都会找一棵树倚靠着休息。此时麋鹿也会停下脚步，收集周围的露水，给花朵浇灌。

"看起来，你和我一样孤独呢，你也在思念着什么吗？"麋鹿抚摸着有点蔫的花瓣自言自语。

传说彼岸花花叶永不相见，代表"无尽的思念"，这大概是孤独者之间的心灵感应了。

月亮升起了，它又一次踏上了寻找家人的旅途。

穿越丛林，翻过山丘，尖锐的树枝划伤了它的鹿角，地上的沙石磨破了它的脚掌。终于它来到一处山谷，月光在这里格外清亮。它隐约看到天边的月光下有两个身影，那是它的妻子和孩子。就在它准备飞奔过去的时候，天空刮起漫天大风，月光失去了本来的颜色，彼岸花摇晃得厉害，洁白的花叶瞬间枯萎如冬天的稻草。

山谷开始断裂。

裂缝越来越大，麋鹿不得不一步一步往后退。

它嘶声竭力喊着妻子和孩子的名字，可它们一点儿也听不见。慌乱中它抬头寻找已经黯然失色的彼岸花，它觉得自己非常无力，离家人越来越远也救不了朋友。

裂缝又扩大了好几倍，麋鹿意识到自己不能再后退了。

"必须赶在裂缝越来越大之前……跳过去！"

它一跃而起……

然而多日艰辛跋涉的麋鹿已体力不支……它感觉自己的身体变得很重，开始往下掉。就在这时，成片白色的彼岸花从崖底迅速绽放并沿着崖壁攀升，将它轻轻地托了起来。

是月亮上那株彼岸花化成的！

枯黄的花瓣已经消失，取而代之的是绿色的新叶。

"谢谢你一直帮我浇水，我才能够长出新叶。"彼岸花第一次开口说话。

"不不不，是你指引我找到家人，还救了我。"麋鹿躺花海上，用力地摇头。

"我是注定花叶永不相见的花朵，每一次开花都会耗尽几乎全部生命，唯有浇水人心中拥有足够强烈的信念，才能够帮助我积蓄力量。"此时，汇聚成云状的花海将麋鹿轻轻地放到对岸。

悬崖边重新洒满银色的月光，还有颗颗晶莹的露珠。

若心怀信念、勇气和善良去对待遇到的人和事，你终将与生命中的每场邂逅互相成长，慢慢变得强大。在此之前，所有的孤独和等待都是值得的。

第三部分
拯救麋鹿故事

人类最初的麋鹿拯救模式

麋鹿（Elaphurus davidinus）起源距今 200 万年至 300 万年，是中国特有的世界濒危物种。3000 多年前，麋鹿繁衍最为鼎盛。商纣王始创了造"鹿台"之举，有历史文献记载："纣王决意在这里筑鹿台。一则固本积财，长期驾驭臣民，二则讨好妲己，游猎赏心。"此后，先民们便开始了人工豢养麋鹿的尝试。

与此同时，野生麋鹿种群因自然、人为及自身因素遭遇衰败并逐渐走向灭绝。进而，人工豢养麋鹿格局也随之形成。在中国悠久的历史长河中，历代帝王运用了各不相同的刑律来惩罚那些猎杀麋鹿的人。

战国时期，齐宣王就做出一个规定："杀其麋鹿者如杀人之罪"，把保护麋鹿上升到了与人同条而贯的高度。在明代，为了保护南海子皇家猎苑的麋鹿，当时朝廷派出 1000 多名从事看守、养殖、栽树、种菜的"自宫男子"，像伺候祖宗般地侍奉皇家猎苑中的麋鹿。在清朝，由正四品官的郎中总尉负责管理南海子里以麋鹿为主的各种珍禽异兽，以供皇帝狩猎。

麋鹿拯救的重要地点——南海子

　　这里首先得揭开南海子——古南苑的神秘面纱，因为它涉及20世纪80年代北京恢复麋鹿苑和我国首次启动大规模引进国际合作项目的许多重要背景资料。

　　北京大兴南海子的"海子"一词出自蒙古语，意为包含着巨大湖泊的美丽花园。南海子的历史应该上溯到距今1000多年契丹人统治的辽代（907～1125）。今南苑附近远在辽代就是契丹统治者游猎的场所，并设有晾鹰台——起初作驯鹰用，后作为元明清三朝统治者在南海子行围打猎的重要场所，清朝还常在此举行大阅兵，故又有练兵台之称。契丹是北方游猎民族，他们有"畜猎以食，皮毛以衣，车马为家，转徙随时"的习惯。"捺钵"是契丹语，不仅是帝王四季迁徙驻营之地，更体现着辽代独特的人文现象。辽代会同元年得燕云十六州，升幽州为南京，即今日之北京，成为辽代的陪都之一。在那里，辽王朝设有负责管理、饲养、训练猛禽以助猎的专门机构——鹰坊，经常在北京近郊"放鹘（隼）擒鹅"，进行渔猎活动，时称"春捺钵"，而7月份开始的"秋捺钵"常不在京畿。

　　那么，辽代"春捺钵"准确地点在今北京的什么位置呢？据考证，当时狩猎和阅兵的"春捺钵"之地主要是被称作"延芳淀"、现已消失的一片水域和沼泽湿地。延芳淀在今北京通州东南的潞县一带，辽称潞阴县。当时，延芳淀有广阔的水面，方圆数百里芦苇丛生，与南海子猎区只有小部分叠合于延芳淀的西部和南海子的东部，当然这并不妨碍延芳淀作为南海子猎苑的基础和前身。

到了辽亡金兴时期，建立金朝的女真人也以鹰犬为伴，常爱游猎，"每猎则以随驾军密布四周，名曰'围场'。待狐、兔、猪、鹿散走于围中，国主必先射之，或以鹰隼击之。次及亲王、近臣。出围者许余人捕之。有三事令臣下不谏：曰作乐，曰饭僧，曰围场。其重田猎如此"。海陵王常率近侍"猎于良乡""猎于南郊"。帝王们不仅赴猎场狩猎，而且设有专官治理猎场，甚至还设立专门驯化鹿类的机构——监鹿祥稳司。

元朝保留有蒙古民族的狩猎习俗与传统，每年春秋两季都要举行大规模的狩猎，分别称之为"春水"和"秋山"。"春水"就在北京（初称中都，后称大都）南海子这片树影婆娑、湖水轻吟、禽兽熙攘的湿地或其附近，时称"下马飞放泊"。而"秋山"则远在内蒙古正蓝旗（当时称上都开平）的地方。据记载，"下马飞放泊"当时已经初具规模，俨然成为北京城南一座不小的皇家围苑。此外，当时北京近郊还有与之性质相类似的"柳林海子"、"城店飞放泊"和"黄埃店飞放泊"等。"下马"，表示离都城甚近；"飞放"，表示纵放猛禽作为狩猎的助手。

据记载，元朝皇帝和上层贵族都有隶属于他们的捕鹰人，其义务是豢养鹰鹘，皇帝、贵族狩猎时随同出行，平时要捕猎一定数量的野味进贡。今北京大兴区黄村西北有元晾鹰台遗址。作为狩猎助手，除了有驯过的鹰，还有驯过的豹。世祖（忽必烈）中统三年的圣旨中写道："中都四面各五百里内，除打捕人户依年例合纳皮货的野物打捕外，禁约不以是何人等，不得飞放打捕鸡兔。"后来又规定："大都（今北京）周围八百里以内东至滦州，南至河间，西至中山，北至宣德府，捕兔有禁。"

明代成祖朱棣于永乐十二年扩充元代留下的"下马飞放泊"，四周筑起土墙，并开辟了北大红门、南大红门、东大红门和西大红门4扇大门，还先后在其中修建了衙门提督官署，以及关帝庙、灵通寺和镇国观音寺等，使之成为一座格局相对完善的皇家围苑。明成祖每年都要在这里合围较猎、训练兵马，此后，英宗、武宗和穆宗等，也常率文武百官出猎于此，但到穆宗以后国力下降，南苑也因年久失修而日渐衰朽。

满族先祖是女真人，他们原先是生活在东北白山黑水间的游牧民族，同样有重视骑射的传统，因此古南苑进入到清代后便得到了全面的振兴和发展，整个面积超过 2000 公顷。顺治、康熙和乾隆年间先后在其中修建了数处行宫、庙宇，还新建了 5 座大门，连同明朝原有的 4 扇，总共有 9 扇大门。乾隆年间还花费了 38 万两白银将明代留下的土墙都改建为砖墙，并增设了 13 座角门，使之日趋成为一座规模宏大、设施完备、功能成熟的皇家围苑。当时古南苑的具体范围现在仍然可以通过散落在北京城南的一些相关地名依稀重现，如南苑、东高地、角门、镇门寺、大红门、小红、海户屯、新宫、团河村、旧宫、海子角、庑殿村、西红门、东红门、鹿圈、瀛海庄和南宫等。今南苑镇原名万字地，曾为清代皇家神机营驻地，从西营房往东有六营，现旧营无存，但三营门、六营门等地名尚在。

为了保护南苑内以麋鹿为主的珍禽异兽，清代朝廷除严禁百姓涉足该苑外，还采取了多种积极的养护和建设措施，其中主要有：在苑内长期栽种树木（包括果木）、花卉和水生植物（如在湖中种植招引植食性动物的茨菇和延蔓），限制开垦土地，以及经常清除苑内对珍禽异兽有危害的食肉动物，如狼、狐和野鹰等，并制定了具体的奖赏办法。为了清除南苑的"狼暴"，每年冬日，皇帝本人在南苑围猎时也都带头将狼、狐等食肉动物作为主要的捕杀对象，并称之为"打狼围"。这些举措，对南苑的珍禽异兽起到

了有效的保护作用。经过 200 年左右的管理和运作，南苑内环境优美、草木葱郁、花艳果硕、鸟兽兴旺，珍贵的麋鹿也得以迅速增长。据清史记载，仅苑中的麋鹿就达几百头。

向世界传播麋鹿的"经纪人"

麋鹿主要是在十九世纪末被西方科学界关注到，麋鹿在远离中国的地方被拯救而免遭灭顶，对于拯救麋鹿这个看似不太可能发生的事情，率先作出贡献的人物就是皮埃尔·阿尔芒·大卫，

第三部分 拯救麋鹿故事

他也被称作向世界传播麋鹿的"经纪人"。

　　大卫是一位法国传教士，1826 年出生在法国比利牛斯山下的一个名叫爱斯佩莱特的小镇上，整个小镇以盛产红辣椒而闻名，被称为"欧洲红辣椒之都"，这个小镇出产的红辣椒并不特别辣，而是芳香怡人。大卫神父的父亲是一名医生，同时也是一名了不起的自然学家。大卫神父承继了父亲对大自然的热爱以及对医学的兴趣。大卫是个酷爱自然和探险的年轻人，36 岁时被法国天主教会派到中国，并起了个中国名，叫谭征德。除了传教外，他把主要精力用在中国内地的科学考察上。从内蒙莽原到闽西山地，从北京周边到秦陕高原，他的足迹遍布大江南北。他在动物标本收集、分类命名和生态描述等方面取得了举世瞩目的成就，其中就包括发现并获得麋鹿标本。而他在四川宝兴天主堂任神父期间对大熊猫（Ailuropoda melanoleuca）、金丝猴（Rhinopithecus roxellanae）和珙桐（Davidia involucrate）等的发现，更是使其影响达到了巅峰。

麋鹿并不是大卫在长途跋涉的艰难远征中发现的，但其过程也充满了风险。1865年，正值大卫在北京天主教苦修会工作期间，他听说有一群稀有的鹿种被护养在南海子，而这个地方一直是中国帝王打猎和消遣的地方，但对普通人来说却是禁地。这是一片由高大围墙包围着，并由旗人士兵严守着的神秘之城，里面风景优美、林木葱茏，饲养着许多珍禽异兽，这引起了大卫神父的浓厚兴趣。他决定，不论那儿防守多严，都要设法亲眼从墙外往里面看个究竟。于是有一天，他找到了个机会，来到了猎苑的围墙边，恰好猎苑的一小段围墙正在维修，旁边散乱地堆放着一些砖块，就好像搭起来的脚梯。趁没人注意，大卫踩着这些砖块爬到了围墙顶上，并侧卧在围墙上窥视猎苑。这时，他看到许多种类的动物活跃其中，而这些动物中确有一些个子特别高大的鹿群，是他过去从未见到过的。他立即在自己的日记本上画下了这种奇特的动物：鹿角、牛蹄、骆驼脖子，还有形似驴尾但比驴尾更长的尾巴，他意识到这一鹿种极可能具有很高的学术价值，不禁喜出望外。

随后大卫神父立刻回到京城，并在接下来的几个月里做了很多努力，希望通过法国公使的外交渠道得到一头麋鹿的标本，但是并未成功。大卫也了解到如有人偷猎这群鹿，偷猎者就要被判处死刑。为了得到标本，他决定采取非常措施。在观察中，他发觉那些旗人士兵在粮饷不敷时会偷吃鹿肉。但不论大卫如何请求，那些士兵却都慑于规定，拒绝将鹿皮、鹿骨，哪怕是鹿角卖给他。大卫并没有因此而气馁，而是继续锲而不舍地努力。到了1866年

第三部分　拯救麋鹿故事

1月30日那个滴水成冰的寒夜，他终于碰上了几个更贫困并且又有点胆量的士兵，这位神职人员采取了一种世俗的手段，即以20两纹银为代价，换取了从里面偷偷递出来的两张麋鹿的皮和两个头骨。

在那之后不久，法国公使馆有一名专员正好要回国，于是大卫神父委托这名专员将收集的麋鹿标本送到法国自然博物馆。由当时的馆长米尔恩-爱德华兹（Milne-Edwads）进行鉴定。通过仔细研究，同年，欧洲首篇关于麋鹿的论文问世，证实了这群鹿果然是一个新属新种，在形态上具有许多引人注目的独特之处。文章还首次以西方第一个发现者大卫之名作为这种动物的种名，称为 Elaphurus davidianus Milne-Edwards。从此，这种绝灭于中华原野又一度深藏于皇家禁苑而世人未识的珍奇动物——麋鹿才为天下所知，并立即轰动了欧洲。当初用以定名的麋鹿标本，至今仍收藏在法国自然博物馆。

1865年后的若干年里，圈养在南海子猎苑里的麋鹿，被英、法、德、比等国的公使、代办、领事或神职人员等，或明索，或暗购，或以其他方式，先后弄走许多头，迄今有案可查的就有19头，分别饲养在欧洲各家动物园里供游人玩赏。但是由于当时人们不大了解这种动物的生活习性，导致有的在运输途中就死了，即便活着到达目的地，饲养得也都很不成功，多半是越养越少，最终死绝，仅1876年运往柏林的一雄一雌较好地繁殖出了后代。这是因为这种动物在自然界中已经形成一套根深蒂固的生活习性，在南海子猎苑也已经适应了数百年，转移到外国动物园的鹿圈里，由于面积太小，饲料单调，生活条件不合适，虽然也能活下去，但繁殖终不理想。第一代、第二代还过得去，到第三代以后则逐渐退化，最后终因不育而绝种。用专业的术语说，这种动物比较特化，只能适应于一种生存环境，一旦环境改变必然趋向灭亡。

1894 年对中国的麋鹿来说是毁灭性的一年。那一年，洪水冲毁了苑子的部分围墙，不少麋鹿逃跑了，其中一些被饥民果了腹。后来又碰上 1900 年八国联军攻陷北京，苑子里整个鹿群被侵略军一扫而光。尽管还不能说国内的麋鹿就是那年绝迹的，因为据说当时至少还有一对被饲养在某个亲王的官邸里，后来转赠给了北京动物园（当时叫万牲园），当时在中国考察的自然科学家索尔比（Sowerby）1917 年游北京时曾在动物园里看见过，但 1921 年重游北京时，它们都已经死掉了。总之，这种动物从那时起在中华大地上彻底绝了种，并从此开始了漫长的海外"游子"生涯。

贝德福德家族对麋鹿的拯救

1661 年，贝德福德家族庄园——乌邦寺建起了鹿园，这个鹿园的建立与贝德福德公爵的爱好有很大的关系。乌邦寺庄园内树荫遮蔽，绿草丛生，周围还有一些自然湖泊。据乌邦寺的《外国动物收集记录》记载，1892 年乌邦寺的鹿园共生活着 33 种不同的动物。

英国公爵贝德福德十一世（Herbrand，11 Duke of Bedford）是一位知名的野生动物畜养者，当十一世贝德福德公爵赫尔本纳德从专门为他提供动物的哈根贝克先生那里听说了麋鹿的故事后，他便让哈根贝克于 1894～1901 年及时果断地购买了残存在欧洲的 7 雄、9 雌、2 幼共 18 头麋鹿，并使其顺利繁衍生息，传承了南海子的衣钵，这种动物才免于灭绝之灾。不过据贝德福德的档案等资料记载，在最初的这 18 头麋鹿中，只有从巴黎弄来的 1 头雄麋鹿和 4 头雌麋鹿（包括从柏林弄来的 2 头）开始繁殖，其余多数活到老死也没有繁殖过。

贝德福德家族拥有广阔的地产，包括英格兰乌邦寺（Woburn Abby）的一片很大的园林建筑和散养麋鹿等动物的一片约 15 平方千米的园子。这个园子面积大而地形微微起伏，其中主要是开阔的草地，冬季里也是绿草如茵，草地中稀疏地分布着一些古老而巨大的橡树，也有些稠密的人工林，还有 8 个大小不一的人工湖。这里也散养着其他的一些鹿类，如梅花鹿、马鹿（C，elaphus）、水鹿（C，uicolor）、獐和麂（Muntiacus reevesi）等，因为它与当年南海子猎苑的环境有许多相似之处，因此，在别处养不成功的麋鹿，在这里却能饲养成功。到了 1906 年，这个麋鹿群已有 37 头；第一次世界大战爆发之际，已发展到 88 头；第二次世界大战后，发展到 250 头。如今，世界上五大洲 20 多个国家和地区 200 多个饲养点的超过五千头的麋鹿直接或间接都是它们的后裔。

直到 20 世纪 30～40 年代，麋鹿尚被公认为世间最稀有、最难得的鹿种。因为老贝德福德素以拥有世间唯一的麋鹿群而自豪，无论任何人怎么游说或出多少价钱，他都不肯出让一只。但第二次世界大战带来了新局面，而且较为开明的小贝德福德哈斯廷继承了父亲的产业，成为十二世贝德福德公爵，他因此有了改弦更张、处置财产的权力。第二次世界大战爆发时，麋鹿饱受饲料短缺之苦，乌邦寺物资匮乏，一度不得不靠卖鹿肉打发日子。在纳粹飞机狂轰滥炸英伦的日子里，整个麋鹿群大有毁于一旦之势。这些使贝德福德哈斯廷背上了沉重的思想包袱，他深恐事态发展下去，真有一天麋鹿种群毁在他的手里而成为历史的罪人，永受后人责骂。于是他决心分散鹿群并付诸行动，用他自己的话说，"将所有的蛋放在一个篮子里总是危险的"。

在一次鹿园的巡游过程中，哈斯廷公爵向他十三岁的孙子罗宾（塔维斯托克侯爵，即后来的十四世贝德福德公爵）讲述了麋鹿的故事，而罗宾后来也成为中－法－英麋鹿传奇故事中的第三位关键人物。

二战后至 1948 年，当乌邦寺的麋鹿增至 255 头时，贝德福德（十二世及后来的十三世）便陆续将少数麋鹿转让给了国内外各大动物园饲养、展览。特别是英国的惠普斯奈德动物园（Whipanade Wild Animal Park），因面积较大，非常适合麋鹿自由散放，所以转让至那里的麋鹿较多。

麋鹿回归的"红娘"——玛雅

玛雅的故乡在斯洛伐克，但她自小就对与中国有关的一切事物充满兴趣。在她父亲的影响下，又偶然间听山区守夜人讲鹿的故事，并亲见过山林奔跑的野鹿，就此对鹿这种动物有了更形象直观的认识。山林守夜时爷爷还跟她讲了很多关于中国麋鹿的事情，中国麋鹿从此就烙在了她的心里。

玛雅在英国牛津大学攻读博士期间，遇到了后来成为自己丈夫的约翰，恰巧约翰与乌邦寺贝德福德家族是很好的朋友，正是贝德福德家族拯救了麋鹿。于是后来很多年，玛雅一面参加牛津大学动物生态研究组研究麋鹿，一面在英国乌邦寺庄园研究来自中国的麋鹿。

受当时卫生部部长崔月犁的邀请，玛雅第一次来到中国。中国之行是玛雅收集和研究麋鹿的短暂之行，与此同时中国驻英国伦敦的大使馆也正式联络了乌邦寺侯爵达维斯托克，表示中国政府非常希望能得到侯爵的支持，将麋鹿重新引入中国，这正好契合了侯爵希望将麋鹿送回中国的愿望，也极大提高了玛雅中国之行的重大意义。

1984年3月，英国乌邦寺庄园塔维斯托克侯爵约见玛雅，委托她前往中国，寻找适宜的地点，将麋鹿在中国安家。玛雅与我国的一些著名动物学家、植物学家和生态学家在大江南北考察了多处后，经过科学的可行性论证，一致认为北京原皇家苑囿南海子旧址是重新引麋鹿回中国的理想地点。

1985年8月24日，20头麋鹿从英国乌邦寺庄园运抵北京南海子麋鹿苑。从那一刻起，玛雅就全身心地投入到对重建北京南海子麋鹿种群的研究工作中。麋鹿苑新建不久，无法与在乌邦寺庄园的工作条件相比。尽管环境艰苦条件差，但玛雅一提起麋鹿来，总是满怀深情。玛雅对待麋鹿就像对待孩子一样亲切慈祥，她与一头人工饲养的麋鹿"盼盼"建立了深厚的感情，有时我们会看到她与"盼盼"在草场上追逐、嬉戏、亲吻，"盼盼"颇通人性地依偎着玛雅。那种人与自然交相融合、人与动物和谐相处的情景，令人动容。

1985年11月11日上午，在北京市人民政府和国家环境保护总局联合举办的"麋鹿重返家园赠送仪式和麋鹿还家展览"开幕式上，玛雅作为中英联合专家组的英国专家出席了开幕式。在"麋鹿还家展览"馆中，金黄色短发、身穿红色毛衣的玛雅，手持一幅写有中英文字"英国乌邦寺——北京南海子麋鹿重返家园"展示牌的大幅照片，表现了她作为一名专家的情怀，给中国的野生动物保护工作者留下了深刻印象。谈到麋鹿的历史和动物学分类时，玛雅的科学精神令人敬佩，玛雅关于为麋鹿正名的看法也让人难忘。玛雅说，麋鹿是中国特有的物种，千百年来生活在中国广阔的大地上，这是一个客观存在的事实，应该按照中国的习惯叫麋鹿（Milu），而不应该再沿用 Pere David's Deer（大卫神甫鹿）这个由外国人起的名称了。

2010 年，玛雅参与了石首麋鹿自然保护区中长期规划设计的招标工作，由她推荐的英国乌邦寺、布里斯托动物园、瘦桥野禽与湿地基金会（WWT），与中方一道建立了一个四方合作的团队，她坚持把这个总体规划的编制项目作为麋鹿重引入项目的延续，并且通过努力和团结协作，最终获得了国家环保部、湖北省人民政府的批复和批准实施，成为自然保护领域国际合作的成功案例之一。

2015 年 11 月，参加完在北京召开的"麋鹿与生物多样性保护和管理国际研讨会"之后，玛雅和十五世贝德福德公爵来到了石首麋鹿自然保护区，一起参观了保护区麋鹿保护共建学校——横市镇中学，玛雅对保护区发展学校共建保护工作所取得的成果表示高度赞赏。

麋鹿重引进——野生动物保护的成功案例

1956 年春，伦敦动物学会决定让阔别中国半个多世纪的麋鹿回归故土，遂从惠普斯奈德动物园的麋鹿种群中选出 2 对，派人护送来华，赠予中国动物学会，饲养在北京动物园里。从各动物园面积和条件而言，北京动物园的鹿苑面积并不算小，饲养条件也不算差，然而对麋鹿来说面积还不够大，离其生存需求的距离则更远，所以所饲养麋鹿的命运也如当年在欧洲各国的经历一样，繁殖不过关。2 对麋鹿一共生过 4 胎，竟有 2 胎难产，未活。至

1973 年，只剩下 1958 年生下的 1 头雄麋鹿和 1956 年送来的 1 头雄麋鹿。眼看重建麋鹿种群的希望落了空，伦敦动物学会于 1973 年底又派人送来 2 对，希望用这种方法让它们能在故土大量繁殖，重返家园。这 2 对仍然养在北京动物园里，情况似比前次稍佳，但仍不尽人意。这 2 对 1975 年和 1976 年所产 7 胎中又有 2 胎难产。这也再一次证明动物园环境只适于展览，不适于繁殖，靠动物园重建中国麋鹿种群的希望很难实现。

1980 年前后，我国政府和动物专家一致认识到恢复种群的唯一有效途径是实施具有规模的重引进工程，进行散放，因此及时启动了大规模重引进的国际合作项目，让麋鹿最终回归自然。祖国对海外"游子"的召唤与国际间致力于动物和自然资源保护事业组织如世界野生动物基金会（World Wildlife Fund）、国际自然与自然资源保护同盟（International Union for Conser-vation of Nature and Natural Resources，简称 IUCN）和濒危物种人民基金会（People's Trust for Endangered Species）的努力不谋而合，而且还得到了当时拥有世界上最大麋鹿种群的英国乌邦寺主人的支持。贝德福德公爵的曾孙塔维斯托克侯爵（Lord Marques of Tavistock）说："对我和我的家族来说，能与中国合作使麋鹿重返家园，的确是件令人兴奋的事情。"经过多方反复论证和磋商，到 20 世纪 80 年代中期，我国麋鹿重引进的条件已完全成熟，并进行了连续的、振奋人心的实际操作，取得了一个接一个具有国际影响的辉煌成果。

首先，1985 年，在南海子皇家猎苑部分旧址恢复了种群。紧接着，1986 年，在历史上的野生麋鹿原栖息地江苏大丰建立了自然保护区。1985～1987 年，在从国外总共引进 79 头麋鹿的基础上，发展出了湖北石首等半散放以及 10 余个省 50 余个地点圈养的种群，进而发展到 1500 头左右，在短短不到 20 年的时间里麋鹿数量增长了18至19倍。目前，我国正在进行完全放野的尝试，有计划地释放麋鹿，让其走出自然保护区，真正投奔大自然。

麋鹿回归老家后，在家乡的田野上获得了快速且健康的发展。从英国引进的三批79头麋鹿，被分到南海子和大丰两大基础群，它们开始适应引入地的自然环境，顺利地繁衍发展着。

建立大丰麋鹿保护区的目的就是在黄海滩涂湿地野生麋鹿原生地恢复其野生种群，大丰保护区现已恢复了野生麋鹿种群905头。石首麋鹿保护区建立的目的也是在长江中游麋鹿故乡恢复野生麋鹿种群，石首保护区已恢复了野生麋鹿600多头。除此以外，还恢复了洞庭湖野生麋鹿160多头和盐城野生麋鹿100多头，这为我国麋鹿的拯救、保护奠定了坚实的基础。石首麋鹿自然保护区是1991年11月经湖北省人民政府批准成立的,1998年国务院批准其晋升为国家级自然保护区,主要任务是实现中英两国政府签订的"麋鹿重引进中国协议"第二阶段目标,即在麋鹿原生地恢复自然种群,并保护其赖以生存栖息的湿地生态环境。

近30多年来,麋鹿拯救保护的重点工作在中国。1988年中国有麋鹿100多头,30年后的今天,麋鹿数量超出6000头,30年间增长了60倍。目前,中国麋鹿分布于23个省市69个饲养点,这些饲养点在拯救、保护麋鹿物种目标上取得了重大成果,作出了重大贡献。

100余年来,麋鹿这一我国特有物种的曲折经历,反映出其命运与祖国的命运休戚相关:旧中国,天灾人祸,国运衰微,在最黑暗、最惨淡的时刻,麋鹿流落他乡;而如今,政通人和,百废俱兴,在呈现一派盛世景象的日子里,本土珍禽终于得以重返家园。麋鹿出国又回国,使得一个几乎要以悲剧收场的故事,变成了一幕盛事在即的喜事。麋鹿的这段身世,可以激发我们的爱国之心、乡土之情,可以激发我们挽救濒危物种、保护自然环境、实现可持续发展的热忱愿望,也成就了一段国际合作的佳话。

世界最大的麋鹿野生种群地之一
——石首麋鹿国家级自然保护区

石首麋鹿国家级自然保护区于1991年11月经湖北省人民政府批准成立,1998年国务院批准晋升为国家级自然保护区,其主要任务是实现中英两国政府签订的"麋鹿重引进中国协议"第二阶段目标，即在麋鹿原生地恢复自然种群，并保护其赖以生存栖息的湿地生态环境。

春秋时期《墨子·公输》就有"荆有云梦，麋鹿犀兕满之"的记载。石首天鹅洲位于万里长江中游"九曲回肠"的荆江段北岸，是长江一年一度洪泛形成的芦苇洲滩湿地，总面积约 70 平方公里，水域面积约 20 平方公里，为中国重要湿地。为了帮助麋鹿回归自然，1989 年国家环保总局组织中外专家进行联合考察选址，认为地处江汉平原的石首天鹅洲水草丰茂，湿地广阔，水质良好，牧草丰盛，是麋鹿的理想栖息环境。天鹅洲气候温和，土地肥沃，为生物多样性提供了可能，是长江流域不可多得的优质生态湿地。这里的麋鹿种群由 1993 年 10 月、1994 年 11 月、2002 年 12 月分三批从北京南海子麋鹿苑引进的 94 头发展到 1400 余头，并扩散形成江南三合垸、小河杨波坦、湖南洞庭湖这三个亚种群，且全部实现了自然放养，恢复了野生习性，成为目前世界上最大的麋鹿野生种群之一。保护区内生物多样性丰富，现有高等植物 321 种，脊椎动物 320 种，其中鸟类 115 种，该地也是黑鹳、东方白鹳、大鸨等国家一级保护鸟类的重要栖息地。

由于麋鹿的成功野养和保护区的突出成绩，在石首这块土地上，结束了数千年无野生麋鹿种群的历史，形成了多达 1400 余头麋鹿这样一个目前世界上最大的野生麋鹿自然种群格局。保护区先后荣获科技进步奖和中华环保基金会、国际野生救援协会颁发的首届"中国野生资源保护金奖"，石首市也因此被中国野生动物保护协会授予"中国麋鹿之乡"称号。2006 年 10 月和 2016 年 5 月，保护区先后两次被国家七部委联合表彰为"全国自然保护区管理先进集体"；2010 年 6 月，被评为湖北省生态文明建设示范基地；2012 年，被环境保护部定为全国 5 个国家生物多样性保护示

范试点单位之一；2013 年 8 月，被环境保护部、教育部批准为全国首批"中小学环境教育实践基地"；2015 年 11 月成功接待十五世贝德福德公爵，圆满完成了保护区建区以来最重要的外事任务。在此接待过程中，我们还邀请公爵访问了保护区科普共建学校——横市镇中学，参观活动得到了公爵及随访外籍专家的好评。

石首麋鹿国家级自然保护区在环境保护部宣教中心、中国野生动物保护协会、湖北省环境保护厅宣教中心和湖北省野生动植物保护协会的大力支持下，按照科普宣传的相关要求，从创建体系、构造模式、组建团队、寻求协作、组织活动、宣传推介、效果评估等方面开展工作，有效地延伸了保护区的公众教育职能，营造了保护管理、宣传教育的良好氛围。

第四部分
麋鹿观察保护

麋鹿也"杀婴"

以前我曾听说狮、熊、大猩猩等许多野生动物都有"杀婴"行为，甚至目睹过金丝猴的"杀婴"。可我们难免质疑，一向文雅、善良还有点怯懦的鹿，会有如此过激的行为吗？一个周末，我在麋鹿苑值班，就碰上了麋鹿的一次"杀婴"。

这是一个特殊的日子，上午9时，中央电视台将现场直播中国最大自然保护区三江源保护区成立，我本想趁着值班的空闲好好看看这个节目，无奈，澳门卫视两位记者来麋鹿苑采访，我只好"舍命陪君子"，带他们去看麋鹿了。

千亩鹿苑，垂柳依依，鹿鸣呦呦。我们登上观鹿台，眺望核心保护区，只见大群的麋鹿正悠哉游哉地吃草。在太阳湖对岸，一只长着大角的雄鹿正守着许多成年母鹿，来回不停地踱步，间或发出几声粗砺的吼叫。"那是发情的'鹿王'"，我介绍道，"它正带着十几只适龄母鹿——它的娘娘们，准备生儿育女呢。"记者的摄像机马上指向了鹿王，但见鹿王体态雄健，浑身黑乎乎的，那是它故意涂抹的泥巴，这样看上去才显得更野、更"酷"。最有意思的是它的角上顶了大团的草，稀稀拉拉垂向胸前，那是它自制的"角饰"，跑动起来煞是威风，活似一位披挂上阵的大将军。这么棒的大公鹿，怎能不令妙龄母鹿们垂青呢？当然，令鹿王不安的是，在这个麋鹿群的周围时时溜达着几只半大的或者不服老的公鹿，它们总在伺机接近"娘娘们"，企图分一杯羹。

多数公鹿则心如止水，平和地凑在一起吃草，自动组成了角叉林立的"光棍群"。还有一帮当年生的小鹿聚在远处，组成了一个"幼儿园"，它们也在自顾自地埋头吃草，偶尔抬起头，奶声奶气地叫唤一声。我们扛着摄像机准备接近拍摄，忽然瞥见太阳湖西岸躺着一只鹿，我越走越近，可它仍是一动不动。"肯定出了意外"，我自语着，因为这里的麋鹿全是半野生散放的，见人靠近立即逃之夭夭了，这只鹿怎么不走呢？走近一看，原来已经死了，还是一只今年生的小麋鹿。我们生态室的同志随即赶到现场，用拖拉机把死鹿运走尸检，经兽医断定，为外伤致死，因为其腹部有一道重创。可是，又是谁杀了它呢？原来，这里发生了一桩罕见的"杀婴案"。

当时，恰是麋鹿的发情期，动情的公鹿正急吼吼地追逐同样进入性兴奋期的母鹿。遗憾的是，一些今年春天繁殖的小鹿本来已该断奶，却迟迟不愿离开妈妈，还跟着母鹿要奶吃。专横的鹿王可不管那一套，母鹿带仔哺乳势必会影响她发情交配，鹿王怎能容忍？一般情况下，公鹿只是粗声大气地吼叫两声，把小鹿吓跑了事，可是，个别小鹿恋母过甚，守着不走，那公鹿可就不客气了，因为它那项上之角可不是吃素的，于是这只不识相的小鹿就遭此厄运了。

有人对此很不理解，觉得鹿这样的动物怎么会如此残酷无情？这其实是人类以自己的标准带着伤感的观点看动物。事实上，类似的杀婴行为可见于世界上的许多种动物，这是野生动物自我调节血缘关系和生态密度、排遣生存压力的一种极端行为。为什么要这样呢？第一，排除碍手碍脚的第三者，母兽才会就范，然后顺顺当当地进入发情期。第二，所杀之婴多是其他公兽的骨血或身心不健康的幼兽，这种剪除异己、优胜劣汰也是为了保障自己有健康的后代。第三，这种看似残酷的方式对延续种群、配置资源、减轻压力较为有利。

不怕冷却怕热的麋鹿

作为麋鹿苑的讲解员，在带领游客参观游览的过程中，经常会碰到游客提出这样的问题：麋鹿冬天住在什么地方？有没有窝？当听到我回答说麋鹿冬天还住在核心区内，睡在露天里时，他们瞪大了眼睛：冬天又刮风又下雪，它们难道不怕冷吗？

让我们先来看麋鹿在冬天是什么模样：进入隆冬，麋鹿开始脱掉头上的角，并且换上一身灰褐色的毛。这层毛分为内层和外层两部分，外层毛发粗而密致，内层为绒毛状。这就相当于给一个人穿上了一件保暖绒衣，再套上一件防风的棉袄。另外，每年从秋季开始，麋鹿大量进食，积累比平时多得多的脂肪。这些脂肪主要有两个作用：一方面，弥补冬天食物的不足，补充能量；另一方面，脂肪有非常良好的隔热作用，能减少体内热量散失，为抵御冬季的寒冷提供必要的条件。在这样的重重保护下，麋鹿当然不会怕冷了。

在建苑初期，工作人员曾经好心地为麋鹿搭建过一个棚，希望能为它们提供栖身之地，让它们在棚里避风避雨，躲避严寒。可是，任凭天寒地冻、刮风下雪，它们始终都没有跨进棚内半步，甚至人们的驱赶也没能让它们领半点情。这个故事证明了麋鹿是不怕冷的。

麋鹿不怕冷，那它怕不怕热呢？这个问题的答案却是肯定的：它怕热。到了夏天，麋鹿脱掉了厚厚的冬毛，换上了薄而稀疏的夏毛，这身轻薄透气的"衣服"有利于它体内热量的散发。天气炎热的时候，麋鹿喜欢泡在水里，以驱走夏日的酷暑。

核心区内有两个为了麋鹿饮水和洗澡而保留的湖面——西部的"月亮湖"以及东部的"太阳湖"，湖边垂柳依依，清风徐徐，湖中波光粼粼，水汽氤氲，是麋鹿消暑度夏的好去处。

麋鹿"四不像"的进化由来

人们知道麋鹿的"四不像"，即身体的脸、角、蹄、尾分别像马、鹿、牛、驴，而总体看来又谁都不是。那么麋鹿是不是多种动物杂交的结果呢？稍有点生物学常识的人都会知道，不同物种之间是不能杂交的，即使能杂交也无法产下后代。即使亲缘关系很近的物种，能相互交配并产下后代，其杂交后代也没有继续繁殖的能力。比如马和驴能交配并产下骡子，但骡子就不能再生了，所有骡子都是马和驴的后代。这也是物种的基本定义，即判断两个生物是否是同一物种，除了看其形态基本相似以外，根本标准则是"是否能够自然交配并产下可育后代"。

麋鹿作为有几百万年历史的物种，与其他所有生物一样，都是长期适应自然的结果，都可以用达尔文进化论的观点来解释。达尔文进化论认为所有物种都是进化而来的，进化的根本来源是生物个体的变异，而这些变异又被环境筛选，最终，适应环境、有利于物种生存的性状被保留，并随着遗传在物种中延续、扩散。

达尔文曾用他的理论成功地解释了长颈鹿高个子性状的形成过程。他推测，在远古某一时期，长颈鹿生活的地区曾因干旱导致大面积的草本植物死亡，随即低矮的灌木也被大量的食草动物一扫而光。有些动物选择了向远处迁徙，去寻找新的草场。而长颈鹿的祖先则留了下来，努力去够高处那些树枝、树叶。同时，种内的差异显出了其重要意义。俗话说：十个指头还不一般齐，长颈鹿的祖先产下的后代在身高上也略有差异，这平常不甚重要的差异，在碰上干旱这样的天灾时却变得生死攸关。当下面那些谁都能够得着的树叶被吃完以后，身高的差异便演变为吃饱还是挨饿的不同结果。显而易见，后者更容易被疾病侵扰，被捕食者吃掉，甚至直接饿死，而前者则继续生存下来，并留下后代。在"高个子"的后代中，一般会有更多的"高个子"，其中有的还超过它们父母的身高，而它们也同样在竞争中获得优势。经过这样几千几万代的积累，长颈鹿祖先们生活的茂密的树林逐渐被稀树干草原取代，而一个与祖先们截然不同的新物种也形成了，那就是我们都熟悉的现代长颈鹿。随着近100年来遗传学、分子生物学、生态学等学科的发展，达尔文的理论得到进一步的完善，进化思想也被大众所接受。

　　明白了进化的基本机制，我们就可以来讲讲麋鹿诞生的故事了。麋鹿的祖先应该也是碰到了与长颈鹿祖先类似的问题——生存环境的巨大变化。只不过麋鹿面对的环境变化不是由森林变为草原，而是由山林变为沼泽。我们可以做这样的推测：麋鹿的祖先生活于森林密布的地区（这从小麋鹿身上的花斑就可看出，身上的斑点是森林地区动物常见的保护色，而幼时的特征往往能反映出它们祖先的样子），可后来它们的家园却变成了沼泽，面对陌生的环境，开始它们很不适应，大量同伴死去了，但最后有一些活了下来，历经成千上万代的演化，形成了其适应湿地环境的特征，其形成机制就与长颈鹿那举世闻名的高个子形成机制异曲同工。今人总结的"四不像"便是其最好的说明：长长的"马脸"适于探进浅水中搜寻水生植物；宽大的"牛蹄"可让它们在沼泽地行走自如而不致陷入；向后分叉的"鹿角"可使它们在芦苇丛中奔跑而不致被缠住；而那长长的"驴尾"则正好用来驱赶湿地那些无处不在的蚊蝇。一个新的物种——麋鹿，就这样诞生了。

麋鹿的奇特之处

麋鹿属偶蹄目鹿科麋鹿属，俗称"四不像"。中国有鹿科动物16种，而麋鹿是鹿科动物中最奇特的一种。

与其他鹿科动物相比，麋鹿的奇特之处有如下几点：

犄角奇特——鹿科动物的犄角有掌状、树枝状，主干向上或向前，分枝多朝前伸展，其作用是抵御敌害和作为打斗武器。唯有麋鹿犄角的分枝朝后和朝外伸展，这与麋鹿的栖息环境和性情有关。沼泽地带的大型猛兽较少，而生性胆小的麋鹿在内部争斗时也不像其他鹿科动物那样激烈，朝后伸展的枝权有利于缠绕长草，最能表现麋鹿"角饰"这一习性。

尾巴长——尾巴有警示、平衡、武器等作用。所有的鹿都有尾巴，只不过有长短之分。最短的要数狍子了，只有一些白毛长在尾部，好似尾巴。最长的要数麋鹿的尾巴了，像驴的尾巴，长到脚踝，因为沼泽环境中蚊蝇、虻虫多，长尾巴有利于驱赶它们，防止被叮咬。

蹄子宽大——鹿科动物属偶蹄类，有两个蹄子着地，有两个悬蹄。多数鹿的蹄像羊的蹄子，小而尖，而麋鹿的蹄子像牛的蹄子，宽而大。最奇特之处是两个着地蹄之间还有像鸭子的蹼一样的瓣膜，只不过较小罢了，这样的蹄子有利于麋鹿在泥沼中行走，不易陷下去。

头脸长宽——麋鹿的脸像马的脸，与其他鹿的脸相较更为长而宽。从正面看鹿的头近似倒三角形，而麋鹿的头近似倒梯

形，鼻子和唇部较宽，长有长而硬的刚毛。所有这些特点都与麋鹿喜欢采食水生植物的习性有关。麋鹿能将整个头部伸到水中去取食水草，唇部的触毛起到感知作用，这是其他鹿所不能比的。

栖息环境特殊——多数鹿栖息在高山、森林中，如梅花鹿、马鹿、驼鹿就生活在山地的阔叶林或针、阔混交林中，白唇鹿生活在高山草甸上。而麋鹿则生活在平原沼泽环境中，即使在人工环境中也不愿到林地中活动。

分布广——古代麋鹿的分布很广，辽宁以南到长江以北、山西以东到我国东部沿海滩涂的平原沼泽地区都曾有麋鹿分布。从商周开始麋鹿的分布区由于人类的活动开始逐渐减少，到了元朝麋鹿的主要分布区就限于华北和江苏的个别地区了，清朝时期只有北京南海子地区的一群。现代的麋鹿大多为人工种群，分布在全世界20多个国家和地区的200多个饲养点。

食性相对较窄——所有鹿类都属于草食动物，大多喜食各种草和树叶。而麋鹿的食物是禾本科和豆科的草本植物，尤其喜食水生植物，不食或很少采食树叶。在人工圈养条件下，由于食物不能选择，也表现出对所有植物都食的现象，甚至有从小人工养大的麋鹿抢食活鱼、火腿肠的现象。当然，这只是个别的人为因素造成的，并不是麋鹿原有的特性。

性情温顺——麋鹿是鹿科动物中比较温顺而又胆小的一种。从古代的人类居住遗址发掘出的动物化石看，麋鹿化石比较多，说明古代人类在生产力低下的情况下猎杀较温顺的麋鹿比较多。观察现代圈养的麋鹿行为也表明，即使在麋鹿的繁殖期，它们也很少出现像其他鹿科动物那样的攻击人的现象。

数量变化大——麋鹿在我国的数量变化之剧烈是其他鹿科动物不能比的，从第四纪中更新世出现，到全更新世达到鼎盛，商周以后野生数量迅速下降并开始出现人工圈养，汉朝以后日益减少，到了明清时期只在长江下游有少量野生种群，直到后来我国的最后一群麋鹿在北京南海子消失。1956年、1973年、1985年、1986年和1987年我国又分别从国外重引进流失几十年的麋鹿4只、4只、22只、39只和18只，现已发展到超过五千余只，麋鹿总体仍然是数量较少的一种鹿科动物。

产仔早——寒带及北温带的鹿科动物的产仔期多在春夏之交的6月份，天气温暖，食物丰富，有利于仔鹿的生长。而麋鹿的产仔期比其他鹿都早，3月份就开始产仔，有的年份仔麋鹿在雨雪交加的时候降生。现在，麋鹿也在适应气候的变化，产仔期正逐渐推迟。

脱角长茸早——所有鹿的角每年都要脱落一次，再长更大、更粗壮的新角，大多在春季的 5 月份脱去旧角长出新角。而麋鹿是在冬季最寒冷的 1 月份脱角长茸，为了不冻伤新角（也叫茸），就在新角的外表长出比其他鹿都厚密的绒毛来保护它。

孕期长——鹿科动物怀孕期一般在 7 个多月（230 天左右），从秋天的 10 月份到第二年的 6 月份。而麋鹿的怀孕期为 9 个多月（280 天左右），从夏季的 8 月份到第二年的 4 月份，是鹿科动物中怀孕期最长的。

麋鹿与地球上其他生物一样，具有各自独特的方面，才构成生物的多样性，保护好麋鹿和其他野生物种才能使我们的地球家园丰富多彩。

麋鹿的坏脾气和坏习惯

麋鹿的习性相对于其他鹿类来说，是较为温和的，但是有时它们也会有一些坏习惯。

"兰兰"是北京麋鹿苑 2002 年驯养的一头雌性麋鹿。兰兰生下来不久，妈妈就把它遗弃了，是饲养员用牛奶将它喂大的。随着兰兰的长大，我们发现它在与游客交往的时候经常欺负小孩，尤其是没有大人紧跟着的。看来动物都有欺负弱小的天性。一年后，长大了的兰兰甚至忘了它的"养妈"，开始欺负把它喂养大的"养妈"了。有一次，兰兰朝"养妈"走了过去，只见兰兰越走近，它眼角的眶下腺就张得越开，瞪着双眼，鼻子"呼呼"地喘粗气。到了跟前，兰兰用后肢支撑身体，举起两前肢对着"养妈"就拍，

"养妈"一看不对，赶紧转身就逃。兰兰紧追了过去，幸亏有铁丝网，"养妈"爬上铁丝网逃了出来。自从这次得手以后，兰兰一发不可收拾，在与人交往的时候只要有一点点不高兴，首先是把眶下腺张得大大的，先警告吓唬，表示它生气了，然后举起前肢就拍。北京麋鹿苑的一位兽医，每天要察看鹿群，监看鹿群的健康。有一天，兰兰过来了，亲热了一会，不知哪里惹得兰兰不高兴了，站起来就拍。兽医赶紧走开，但还是没有躲开，背上挨了一下。

湖北石首保护区也发生过麋鹿拍打人的事。1998年长江大洪水后，湖北石首麋鹿保护区将一头被洪水冲散的小鹿用牛奶喂养大，并起名为"娇娇"。娇娇长大后，也同样拍打"养妈"。据"养妈"之一李副主任说，一次他们离开保护区外出办事，娇娇紧紧跟随，不愿留下。不得已，老李下车想把娇娇赶回去，没想到娇娇站起来就拍，把老李拍打在地上。

动物也有自己的情感需求，当这种需求得不到满足的时候，就会通过行为表达出来。兰兰对饲养员小高就没有攻击过，原因是小高在接近的时候顺着它，满足它的意愿，在它刚表示不高兴的时候快速离开。驯兽师能把老虎、狮子训练得乖乖的，但也有不少驯兽师死于狮虎之口。野生动物毕竟是野生的，跟它们亲密接触需时刻保持警惕。

麋鹿的坏习惯主要表现在顶、吼、咬、拱、拍、踢、踹等几个动作。

公鹿的坏习惯之一"顶"还真产生过较为恶劣的影响。其一是顶死过自己的兄弟。两只公鹿在争鹿王时谁也不服谁，最终一只公鹿被顶穿胸部而亡。这种情况极少发生，也许是误伤。其二是顶死了驯鹿。北京麋鹿苑有两只驯鹿，由于天气太热，生活在北方的驯鹿不太适应北京的夏天，被好心地放养在麋鹿的保护区中，和平相处半年都没有问题。由于驯鹿被蚊蝇叮咬，不停地骚动，躲到一只公麋鹿身旁，也许正在吃草的公麋鹿被打扰，有点不高兴，突然用犄角顶了驯鹿一下，驯鹿伤到腹部而亡。其三是杀死仔麋鹿。一般情况下，麋鹿的交配都是在小麋鹿断奶后，有一只仔麋鹿由于出生得较晚，到了麋鹿发情交配期还没有断奶，经常找妈妈吃奶，有一次跑到母鹿身边，刚要吃奶，就被鹿王顶死。

公鹿的另外一个坏习惯是"吼"。在繁殖期，公鹿使用最多的不是顶角，而是吼叫，而且日夜不停，就连住在北京麋鹿苑附近的居民都能听到。公鹿们各自占据一方，不停地吼叫，向其他鹿宣告这片地盘属于自己，哪只不识时务的公鹿如果贸然侵犯，也首先会被追逐和吼退。地盘被侵犯的公鹿一边跑，一边叫，像是说："滚！滚！滚开！"只有这种恐吓不起作用时才采用角斗决定胜负。

"狗咬狗，一嘴毛"，其实鹿咬鹿也是一嘴毛。母鹿没有犄角，公鹿在冬季里正是脱角长茸期，头上也就没有了可以当作武器的角，这个时期麋鹿的坏习惯之一就是"咬"。在抢夺饲料的时候，每次都能看到鹿咬鹿的场面，母鹿之间、母鹿与公鹿之间、公鹿与公鹿之间，凡是影响自己吃饲料的鹿都免不了被咬，当然被咬得最多的是地位比较低下的个体。被咬的多在屁股部位，哪只鹿屁股毛少，它的地位就低。由于麋鹿的毛是中空的，较易折断，咬者肯定是一嘴毛。不过，被咬者只是较难看，不会有大的伤害。冬季饲料槽周围大量的鹿毛，正好是小鸟做窝的好材料。

麋鹿的另一坏习惯是"拍打"。没有犄角的母鹿和长茸期的公鹿常用此伎俩。在鹿群中，为了争夺地位，为了多吃精饲料，常发生两只鹿站起来用前蹄互相拍打的情况。有一次，北京市副市长胡昭广为科普教育工作的开展来北京麋鹿苑调研，当走在苑中时，人工驯养的两只母鹿"盼盼"和"平平"见到有人来，跑过来找吃的，胡副市长将草喂给"盼盼"时，"平平"的嫉妒心爆发了，它站立起来，抬起两只前腿就拍打，险些打到胡副市长，胡副市长风趣地说："名字叫'平平'，吃亏了就不平静啊。"

麋鹿还有一坏习惯就是"踢、踹"，北京麋鹿苑有两位员工领教过。一次是向海南岛输出麋鹿，当把麋鹿捕捉到，准备抬上汽车时，当时的办公室主任杨大伟看到几位技术人员抬着500多斤的公鹿有些吃力，上前来帮忙，不想被一脚踢到胸部，即刻痛倒在地，胸口被踢出长长的痕迹，好在没有伤到内脏，并无大碍。在向湖北石首麋鹿保护区输出麋鹿时，饲养员李大群就没有那么幸运了。当30只麋鹿被装进笼箱，通过笼箱门向运输车里轰赶的时候，麋鹿们看到笼箱门，挤来挤去就是不上车。我拿着能保护身体的多层板，护着身体进到笼箱里，准备去推麋鹿上车。脾气有些急躁的饲养员李大群也钻进车厢，上前用手揪麋鹿的耳朵，准备拉麋鹿上车，刚一伸手，就被麋鹿抬起的后蹄踹倒，造成小腿骨折，住院治疗了3个月才好。

不光是麋鹿，任何野生动物都有坏习惯，具有一定的危险性。人与野生动物的关系可以像朋友之间那样爱护、关心，但不可以像朋友那样过于接近，而应保持一定的距离，否则可能会受到伤害。

转呈沧桑，预判未来

麋鹿从远古走来，带着神秘的光环，带着历史的沧桑，它们身上承载着国家的兴衰荣辱、民族的命运沉浮。

根据中国 200 多个麋鹿化石出土的地点分析，麋鹿自出现至今已有 200 多万年的历史了。其数量变化经历了几个阶段：商周时代麋鹿数量非常多；汉朝时有所减少，但还是能在野外很多地方看到；而到元朝时候就变得很少了；到了清朝，麋鹿已经处于濒危期。清朝末期，野生麋鹿完全绝灭，人们在野外已不能看到麋鹿的踪影了。麋鹿的减少是由于自然变迁、麋鹿自身和人为干扰等综合因素造成的。

　　距今六七千年至 2500 年前，麋鹿所分布的地区气温较现在温暖。距今 2500 年前后到公元 1050 年左右，气温变化的总趋势是由高向低，但还比较温暖。从公元 1050 年以后，气温变化的总趋势是逐渐降低。麋鹿是一种喜爱温暖栖息环境的动物，中国近 5000 年来，气温变冷、沼泽和水域减少的自然环境变化因素对麋鹿有一定的影响。

　　除了气候变化的影响外，麋鹿数量减少也有其自身的原因。麋鹿是一种高度特化的动物，又是鹿类动物中较温顺的一种，体形较大，奔跑速度不及梅花鹿和狍，从不主动攻击人，即使在发情期的公鹿也不像梅花鹿、马鹿、白唇鹿那样攻击人，而且占群的公鹿见到人接近也多半是逃跑。麋鹿的体形和性格决定了它逃避敌害的能力差，较易被天敌捕食和人类捕杀。《卜辞》中记载：武丁时猎获的麋鹿就有 1179 头，其中 200 头以上的就有 2 次。这说明麋鹿是较易捕捉的。麋鹿的食物也是比较特殊的，主要是水生和陆生的禾本科及豆科的草本植物，不吃或者很少吃木本植物。温顺的性格和狭窄的食性是麋鹿屡受威胁的自身因素。

　　人为干扰因素是造成麋鹿数量减少的最重要原因。人口数量的增加和农业的发展侵占了麋鹿的生活地域。麋鹿的栖息环境——沼泽平原，是人类活动最多的地区，在这些地区所发生的古代大小诸侯之间的战争、人类为了食物而捕杀生禽的活动都影响了麋鹿的生存。出土于 10000 年至 4000 年前人类遗址中麋鹿骨骼数量与家猪相当而略多，可见当时被人类当作食物而猎杀的麋鹿数量较大，而甲骨文记载古代先民一次猎获麋鹿的数量便已达 348 只。麋鹿自古以来即被人看成浑身都是宝而被制成治病和强身的各种药品，受到帝王将相的喜爱。明朝李时珍的《本草纲目》记载："麋茸功力胜鹿茸……麋之茸角补阴，主治一切血症、筋骨腰膝酸痛，滋阴益肾……"古籍《彭祖服食经》《家藏经验方》及现代的《中医方剂大辞典》中用麋鹿茸、角、骨等做配方的方剂就有几十种。麋鹿由此也就成了人类为治病而追杀的对象。

自然因素、麋鹿自身的因素是麋鹿分布区减少的主要原因，而人为的干扰是麋鹿走向受威胁和野外灭绝的根本原因。

麋鹿的未来将是怎样的呢？这个问题可以从多个角度回答。可以肯定的是，麋鹿会继续长时间地与人类一起生活在这个世界。由于各国人民的共同努力，特别是 30 年来麋鹿重引进项目的实施和完成，麋鹿已摆脱了濒危状态，并且仍在扩大它们的种群。在麋鹿回家的第一站——北京南海子麋鹿苑，在湖北石首和江苏大丰的自然保护区，每年春天都有上百只小麋鹿来到这个世界。在国外，除英国乌邦寺的那群麋鹿以外，在欧洲、亚洲、非洲、美洲、澳洲各大洲的动物园里也都散养着一些麋鹿。

麋鹿的名字已从国际濒危动物名单中除掉，因为麋鹿已得到人类有效的、可持续的保护，与人类一起走来的麋鹿还会与人类一起走下去。麋鹿还会不断丰富我们的知识。与其他所有生物一样，麋鹿是经过大自然千百万年来筛选、塑造出的物种，虽然它曾一度濒于灭绝，但它曾是那样大规模地遍布于大江南北，在最少时仅剩 18 头，竟又奇迹般地恢复到如今的规模，这对任何其他物种来说几乎都是不可能的。而经过了"遗传瓶颈"的麋鹿至今却未出现明显的物种退化的迹象，新生幼崽中几乎没有怪胎，这又是一个奇迹。

　　是什么使麋鹿迅速发展、傲立于世？又是什么使它绝处逢生、"卷土重来"？这个谜底的揭开对我们挽救其他濒危物种能否有所启示？还有，麋鹿祖先类型探寻、进化过程研究能否为我们打开一扇远古生物"与天斗，与地斗"的新画卷？关于麋鹿茸角在中医中"滋阴"为主的物化基础、药理药性的研究能否为我们理解中医提供新的启示？对麋鹿行为的研究能否让我们更加准确、深入地了解食草类动物取食策略、繁殖行为、生境选择等方面的规律？大自然创造出的每个物种对我们来说都是一本读不完的书，都有无数的问题需要我们去探索。或许未来的某一天，麋鹿的数量会多到允许人类合理利用的程度，那时，用麋鹿角做的工艺品、用麋鹿茸做的药等等，或许都可以直接为提高人类的生活水平作出更多的贡献。

麋鹿还会作为湿地生态系统的旗舰物种起到其标志性的重要作用，它会在文化传播中扮演特殊的角色。或许更重要的是，麋鹿将永远作为一面镜子、一口警钟，时时提醒着人类——只有节制自己的行为，善待身边的生灵，才能走上可持续发展之路。

麋鹿，昭示动物灭绝的含义

一个世纪前，一个物种在中国大地上曾发生灭绝，那就是麋鹿，麋鹿的灭绝只是数不尽灭绝动物物种的代表之一。人类在凭吊麋鹿的灭绝时并不只是凭吊人类逝去的珍稀伙伴，而是体现出对自然界中永远逝去了的动物物种迟来的珍视。

一、灭绝程度

地球上自从 35 亿年前出现生命以来，已有 5 亿种生物生存过，如今绝大多数早已消逝。物种灭绝作为地球上生命进化史的一种自然现象本是正常事件，如 25 亿年前的三叶虫、6500 万年前的恐龙均已灰飞烟灭。但是，自从人类进入工业社会，目空一切地参与大自然的事务以后，使得这个灭绝时间大大地提前了。地质时代物种灭绝的速度极为缓慢，鸟类平均 300 年灭绝一种，兽类平均 8000 年灭绝一种。到 1600 年至 1700 年，每 10 年灭绝一种。1850 年至 1950 年，鸟兽的平均灭绝速度加速为每年一种了，即有 100 多种动物灭绝了，而且这种灭绝还在以加速度趋势进行着。1600年以来，记录在案的动物灭绝资料已经足够惊人：120种兽类和250种鸟类已不复存世。联合国环境规划署的一份报告记载："目前世界上每分钟有一种植物灭绝，每天有一种动物灭绝，是自然的'本底灭绝'速率的上千倍！"难怪联合国的一位官员说："如果达尔文活到今天，他的工作可能就会集中于物种的讣告，而不是物种的起源了。"

二、灭绝的含义

灭绝是指当今世界任何地方都没有该物种的成员存在时，就认定是灭绝，即绝种。而野生灭绝（EW）指某物种的个体仅被笼养或在人们控制下存活，就可认为是野生灭绝，这为灭绝的第一个含义。如麋鹿，自古在华夏大地广有分布，北京南苑不仅是麋鹿这个物种的科学命名地，而且由于水灾和战祸，这里又成为中国本土上最后一群麋鹿的消失地，但毕竟还有18头保存于英国乌邦寺，香火未断，所以它们属野生灭绝。类似事例还有普氏野马。

灭绝的第二个含义是局部灭绝。"台湾云豹"于1972年灭绝，就属于局部灭绝。因为内地及东南亚许多国家和地区仍有云豹，可中国台湾岛上的云豹却彻底没有了，这就是局部灭绝。

灭绝的第三个含义是亚种灭绝。比如巴厘虎（1937年）、西亚虎（1973年）、爪哇虎（1981年）、新疆虎（1916年）。世界上的虎实际上只有一种，繁多的名目都只是其亚种及亚种以下的分类。类似情况还有狼，狼是一种原产北美及欧亚的体型最大的犬科动物，亚种变种很多，而很多变种都已经灭绝了。

灭绝的第四个含义即为生态灭绝。由于一些野生动物数量太少，种群过小，几乎没有遗传变异的可能，这样的动物被专家称为"活着的死物种"，它们不仅对生态环境影响甚微，而且连自身的存亡都成问题。例如屈指可数的华南虎，即便归山，对其他群落和成员的影响也是微不足道的，这种情形被称为生态灭绝。

三、灭绝原因

人类活动的加剧，打破了物种进化与消失间亘古的平衡，从以下几个方面导致了部分物种的灭绝。

（一）生境退化、破碎与丧失

人类能在短期内把山头削平，令河流改道，百年内使全球森林减少 50％，这种毁灭性的干预导致环境突变，使许多物种失去赖依生存的环境，沦落到灭绝的境地，而且这种事态仍在持续着。在濒临灭绝的脊椎动物中，有 67％的物种遭受生境退化、破碎与丧失的威胁。

世界上 61 个热带国家中，已有 49 个国家的半壁江山失去野生环境，森林被砍伐，湿地被排干，草原被翻垦，珊瑚遭毁坏……亚洲尤为严重，孟加拉 94％、斯里兰卡 83％、印度 80％的野生生境已不复存在。俗话说"树倒猢狲散"，如果森林没有了，林栖的猴子与许多动物当然无"家"可归。"生态"一词原本就来源于希腊文 eco，即"家""住所"之意。

（二）过度开发

在濒临灭绝的脊椎动物中，有 37％的物种受到过度压榨，许多野生动物因被作为"皮可穿，毛可用，肉可食，器官可入药"的开发利用对象而遭灭顶之灾。象牙、犀牛角、虎皮、熊胆、海豹油、藏羚绒……更多的是野生动物的肉，成为人类待价而沽的商品。大肆捕杀地球上最大的动物——鲸，就是为了食用鲸油和生产宠物食品；残忍地捕鲨——这种已进化 4 亿年之久的软骨鱼类，割鳍后被直接抛弃，只是为"成全"鱼翅这道所谓的美食。人类啊，正是为了满足自己的利益（时尚、炫耀、取乐、口腹之欲），而不断剥夺野生动物的根本利益（失去生命，甚至遭受灭族灭种之灾）。对野生物种的商业性获取，其结果是"商业性灭绝"。目前，全球每年的野生动物黑市交易额都在 100 亿美元以上，与军火、毒品并驾齐驱，销蚀着人类的良心，加重着世界的罪孽。为动物物种树碑立传，是人类生态伦理的启蒙，是人类尊重其他生命形式、承认动物生存价值和生命尊严的开始。只有当人类把动物、植物的生命看得与他的同胞的生命一样重要的时候，才能算是有道德的。麋鹿苑中辟建"世界灭绝动物墓地"，也正是基于这种理念。

（三）盲目引种

人类的盲目引种行为对濒危、稀有脊椎动物的威胁程度达19％，对岛屿物种更是致命的。公元 400 年，波利尼西亚人进入夏威夷，带来鼠、犬、猪，使该地半数的鸟类（达 44 种）灭绝了。1778 年，欧洲人又带来了猫、马、牛、山羊等，加上砍伐森林、开垦土地，又使 17 种本地特有的鸟灭绝了。人们引进猫鼬是为了对付从前错误引入的鼠类，不料，却将岛上不会飞的秧鸡吃绝了。在新西兰斯蒂芬岛，有一种该岛特有的异鹩，由于灯塔看守人带来一只猫，这位捕食者竟将岛上的全部异鹩消灭了。1894 年，斯蒂芬异鹩灭绝——一只动物灭绝了一个物种。

（四）环境污染

1962 年，美国雷切尔·卡逊著的《寂静的春天》引起了全球对农药危害性的关注。人类为了经济目的急功近利地向自然界施放有毒物质的行为不胜枚举：化工产品、汽车尾气、工业废水、有毒金属、原油泄漏、固体垃圾、去污剂、制冷剂、防腐剂，于是产生水体污染、酸雨、温室效应……甚至海洋中军事及船舶的噪声污染都在干扰着鲸类的沟通行为和取食能力。科技的双刃剑作用使物种灭绝的趋势愈演愈烈。

野生动物作为环境质量的标志物表现出的极度衰减，呈现出的"寂静春天"，正是生存环境变得日趋恶劣的警告。只有多样性，才具稳定性，人类肆无忌惮地毒杀异类，使丰饶的大自然走向单调和沉寂，无异于饮鸩止渴。

四、灭绝的恶果

由于作为地球上绝对优势种群的人类对自然事物的蛮横干涉，在生境破坏、过度开发、盲目引种、环境污染等因素的综合作用下，野生物种大量走向灭绝。1600年以来共计720种动物灭绝了，而未被记录的灭绝物种，特别是无脊椎动物，则要多得多。无齿海牛在被发现27年后便遭灭绝，更多的物种尚未被我们认知，便默默逝去了。为此，我们将立起一座无字碑，为不为人知的灭绝物种哀悼。

所谓"天生我材必有用"，任何一个物种的非正常灭绝，对我们来说，都是无可挽回的损失。一个物种的消失，至少意味着一座复杂的、独特的基因库的毁灭，相当于我们的子孙又少了一种可供选用的种子。

一个物种的存亡，同时还影响着与之相关的多个物种的消长。据研究，每灭绝1种植物，就会有10～30种依附于它的其他植物、昆虫及高等动物随后覆灭。17世纪毛里求斯渡渡鸟被杀绝后，不出数年，该岛的大栌榄树也渐渐消失了，因为这种乔木的种子必须经过渡渡鸟的消化道才能发芽、萌生。生命的织锦环环相扣，丝丝相连，无论是捕食与被捕食者，生产者与消费者，乃至分解者，都互惠互利，相互制约，从而达到动态平衡，相对稳定。正如哥德年所言："万物相形以生，众生互惠而成。"当一个物种的局部灭绝大大改变和影响其他物种的种群大小时，就会连锁性、累加性、潜在性地导致其他物种接二连三地灭绝。

当物种灭绝的多米诺骨牌纷纷倒下的时候，作为其中之一的人类，能幸免于难吗？

塑料袋杀死麋鹿

人们都知道老鹰吃野兔，老虎吃鹿，蛇吃老鼠，猛禽、猛兽是猎手，而塑料袋与麋鹿风马牛不相及，怎么成了杀手呢？麋鹿苑的麋鹿就有被塑料袋杀死的，而且不止一只。

这个故事发生在北京麋鹿苑。

那天，我们正要吃午饭，饲养员风风火火地跑来报告说："散养区东侧的柳树下躺着一只鹿，浑身哆嗦，站不起来。"我们赶紧放下碗筷，带上听诊器、氧气发生器等简单的医疗器械，跑向麋鹿散养区。从远处看，一只雄性麋鹿侧躺在大曲柳树下，浑身震颤，不停地甩头，并将头贴向腹部，非常痛苦的样子。我们上前一看，原来是一只体格健壮的公鹿。我对这只麋鹿太熟悉了，1985年它与其他20只麋鹿一起来自英国乌邦寺，正值壮年，身体一直很好。由于它的聪明和力量，连续多年为鹿王，可以说是妻妾成群，儿孙满堂，麋鹿苑里新出生的许多小鹿都是他的后代。

一直称王称霸的它今天怎么一下就病倒了呢？大家都很着急。兽医小心翼翼地靠上前去，因为这是只性情暴烈的鹿，平时根本接近不了，只能用望远镜观察，更何况那对锋利的犄角长在头上够吓人的。今天病倒了，才可以近距离观察。兽医检查了一下体表，没有发现外伤，体温也正常，只是心跳快，呼吸急促，腹部鼓胀，初步判断是消化系统的问题。经过触诊断定是瘤胃食滞，引起胃内食物发酵鼓气。兽医决定马上采取措施，实施手术，并飞速到兽医室去取手术器械。就在即将进行手术时，这只与我们相处了7年、漂亮而又强壮的公鹿痛苦地闭上了眼睛，停止了呼吸。

我们非常难过，对其解剖后才发现，在它的瘤胃里有大量的各式各样、各种颜色的塑料袋，这些塑料袋缠绕在一起形成了一个大团，阻碍了食物向下的通道，使食物长时间停留在瘤胃里发酵，产生气体，憋死了麋鹿。将这些塑料袋一称量，竟有4公斤，原来杀死麋鹿的罪魁祸首是塑料袋。后来又多次发现因塑料袋存留在胃中造成麋鹿、梅花鹿等动物病亡事件。可是，塑料袋从何而来呢？又怎么跑到动物的胃中去了呢？

原来，麋鹿苑刚刚建立的时候，围墙外有大量水域，当地人用来养鱼，由于养鱼的利润较少，就挖沙卖沙，形成二三十米深的大坑，后来又用来倾倒垃圾，各种各样的塑料袋随风飘进麋鹿苑。麋鹿像许多食草动物一样需要补充矿物盐来满足营养的平衡，嗅到那些装过各种食品的塑料袋就想吃下。由于塑料袋的柔韧性，麋鹿又不能嚼碎，只能囫囵吞枣地咽下，最后在胃中形成团，轻则使麋鹿消瘦，重则导致死亡。

现在麋鹿仍然饱受塑料袋的威胁，有的麋鹿胃中或多或少地存留有塑料袋。我们无法阻止塑料袋随风飘进，只能每天派饲养员不停地巡视、拣除。但是，夜里飘进的塑料袋仍然是麋鹿的杀手。

人们在享受塑料袋带来便利的同时，是否也要考虑塑料袋带来的环境污染和给动物造成的伤害呢？

"物竞天择" 的自然法则

入夏，正是草肥鹿壮的季节，也是麋鹿躁动不安的日子。

这时的雄鹿一扫往日温驯文静的性格，变得异常凶狠好斗，它们高高地扬起坚硬叉角，展开以求偶为目的的角逐。母鹿则含情脉脉而又羞怯地在一旁观战，准备迎接得胜的勇士。

一时间，叉角撞击，四蹄奋扬，泥浆飞溅，滩涂震颤。雄鹿从高坡斗到洼地，从洼地斗到沟涧，直至遍体鳞伤，浑身是泥。

得胜的雄鹿昂起粗壮的脖颈，向天竖起坚硬的叉角，仰天一声长吼，又去迎接下一场角逐。如此往复角逐一二个月，直至决斗出种群中的"麋王"，才能最后确定谁是真正的"英雄"。

这是一场生命力的较量，原始生存的角逐，也是"物竞天择"的自然法则。在一个"圈子"里，只有最强壮的雄鹿，才能获得最终的交配权，保留种群中最优异的基因。

　　经过数轮或十数轮激烈而又残酷的淘汰赛式的角逐，最终得胜的雄鹿成为雌鹿追求的"英雄"，雄鹿领着它的追求者——成群的雌鹿，开始了"蜜月"生活。天鹅洲麋鹿交配的种群，一般为一头雄鹿会有七八头到十多头追求者。有时种群间还会发生"兼并战争"，一头雄鹿带着它的追求者与另一头雄鹿带领的一群追求者展开"兼并战争"，获胜的一方会将对方的"妻妾"霸占。有时一头异常强壮的雄鹿，霸占的"妻妾"达三四十头之多，往往成为雄霸一方的"麋王"。

交配期间，获胜的雄鹿把雌鹿引到四面环水的平地，它眼观四方，耳听八路，寸步不离地守护着自己的"配偶"，不让有所觊觎的其他雄鹿靠近半步。一旦它嗅到雌鹿分泌出的发情气味，便长吼一声，义无反顾地靠近这头雌鹿。

失败者只好沮丧地远远躲在一边，默默地等待着下一轮角逐。雌鹿的孕期与人类的孕期长短一般，当"十月"怀胎之后，每胎一仔降生大地。保护区的管理人员介绍说："初生小鹿最忌人类的骚扰，一旦受到人为影响便会产生应激反应，这时的小鹿眶下腺张开，肾上腺素急速分泌，可能导致心率加速、血压上升或应激死亡。所以小鹿降生后，不要为了辨认雌雄去搬弄幼鹿，等到来年麋鹿长角时，雌雄便一目了然。"

1995年春是天鹅洲麋鹿野外产仔的季节，辽阔的荒野给保护区工作人员的工作增添了难度。为了保护母鹿顺利产仔以及小鹿的生命安全，杜绝意外情况发生，无论风雪交加的白天，还是风雨弥漫的黑夜，都有管理人员在区内巡逻观察。虽然十分辛苦，但天鹅洲护鹿人只要想到新的生命将降临天鹅洲，麋鹿的种群将发展壮大，他们再苦再累也无怨无悔。

一天上午10时许，保护区管理人员照常在天鹅洲广袤的荒原上巡视，他们发现一头临产的母鹿在一处水塘边徘徊，管理人员举起望远镜远远观察这头行为异常的母鹿，一边用对讲机通知相关人员进行观察。不一会儿，这头母鹿后腿分开并向下蹲，幼鹿的头部便探出"生命之门"。幼鹿很快就落地了，母鹿疼爱地在小鹿周身一遍遍砥舐，舐去幼鹿身上的"衣膜"。不大一会，这头刚出生的幼鹿便挣扎着摇摇晃晃地站立起来。随后，胎盘从母体中排出，被母鹿啃食了大半。

接近中午时分，这头出生不到两小时的幼鹿，步履蹒跚地走向水塘，正当观察人员担心小鹿陷入泥塘时，不料它竟然在水中悠然自得地游起泳来。小鹿游了好一会才慢慢爬上岸，若无其事地抖落满身的泥水，大家情不自禁赞叹野生麋鹿生命力的顽强。

这是个值得纪念的日子：1995 年 4 月 24 日上午 10 时，第一头野生麋鹿在石首天鹅洲降生！正在天鹅洲自然保护区开展科研活动的北京麋鹿实验中心王宗祎教授和杨戒生教授见证了这一意义非凡的时刻。

麋鹿正是遵照物竞天择、优胜劣汰的自然法则，通过残酷激烈的角逐来遗传种群最好的基因，这才保证了物种的繁衍。天鹅洲麋鹿恢复野生后，没有发生难产、死胎或畸形，小鹿成长很快，年递增率在 30% 以上，是国外纪录的 5 倍，国内纪录的 2 倍。

在接近两个月的繁殖生产期内，人们可以通过望远镜看到一头又一头小鹿在天鹅洲顺利降生，母鹿满怀深情地在新生命周身一遍一遍舔舐，一个个鲜活的生命顽强地站立起来。新的生命顽强迅速地站立，是麋鹿野生种群千年之后的顽强崛起！

"国际明星"娇娇的故事

1999 年 3 月 18 日，新厂镇蛟子村的刘老汉正在油菜地边的渠道旁放牛，小牛犊经不住鲜嫩油菜的诱惑，想偷偷地溜进油菜地里大嚼一顿。小牛犊的"不轨"行为被刘老汉识破，扬起鞭子一声吆喝，小牛犊便乖乖地把头缩了回来。

此时油菜已蹿起半人高，金黄色的菜花开始绽放。不料刘老汉这声吆喝，惊起了躲藏在油菜地的一头怪兽。怪兽全身褐黄，体形健硕，怪兽纵身跃过两丈多宽的渠道，箭一般掠过无边无际的油菜地，一眨眼间便消失得无影无踪。

蛟子村距天鹅洲麋鹿保护区不过10多公里，刘老汉多次见到过麋鹿，也多次学习过保护麋鹿的公告，他知道这是从保护区逃出来的珍贵麋鹿。让刘老汉困惑的是，这头逃离的麋鹿不一会又在不远处出现，并小心翼翼地向原先逃离的地方靠近，嘴里不停地发出呦呦鸣叫声。

麋鹿生性怕人，逃离后决不会返回受过惊吓的地方，这头麋鹿是怎么了？这时刘老汉才注意到这头麋鹿头上没有长角，是头母鹿！他好奇地拨开油菜，一步步找到麋鹿原先藏身的地方，哈，原来这里还藏着头小鹿！

原来这头怀孕的麋鹿躲进油菜地里产了仔，这头刚出生不久的幼鹿已被它的母亲舔舐得干干净净，浑身还湿漉漉的，正挣扎着想站起来。

刘老汉掮起牛鞭，一把抱起小麋鹿，牵上小牛犊，喜滋滋地往家里赶，他打算把小鹿喂养得会跑路了，再交给保护区。刘老汉刚进家门，不料母麋鹿也接踵而至，站在屋外不停呦呦鸣叫。

母鹿不肯离去，小鹿不肯喝刘老汉老伴喂的牛奶，还摇摇晃晃地想往屋外跑。刘老汉最后找了条长绳，拴住小鹿，将绳的另一头拴在油菜地边的小树上，让母鹿过来给小鹿喂奶。

3月21日，刘老汉将抓获幼鹿的消息报告给了保护区，保护区派人接回幼鹿，并给刘老汉送来奖金，还对刘老汉说："您不用担心那头母麋鹿，用不了多久，它会自动找回保护区，我们会让它们母子团聚的。"

小麋鹿是只雌鹿，因它出生在蛟子村，大家就给它起了个好听的名字——"娇娇"。娇娇在保护区管理人员的悉心照料下，体格渐渐强壮起来。不久娇娇便能辨别出管理人员不同的面孔和声音，对大家产生了依恋的感情。

很快，娇娇便成了游客眼中的"明星"。进入天鹅洲保护区的游客，只要叫声"娇娇"，它便迅速跑到游客身边，小尾巴快活地摇摆着，接受人们的抚摩，有模有样地和大家一起合影。娇娇一共与数万名中外游客合过影，它的倩影被游客带到五湖四海。这只天鹅洲的小精灵声名远播，成了闻名世界的"亲善使者"。

北京电视台和湖北电视台记者来天鹅洲拍摄纪录片《家在天鹅洲》，记录麋鹿在天鹅洲安家落户、恢复野生、安然度汛的故事。剧组导演在闲聊时听了大家讲述麋鹿娇娇的故事，聪明顽皮的娇娇让他眼前一亮，他想到自己正想拍摄一部儿童电视剧，参加在意大利特拉维索举行的 C·J 国际儿童电视节竞赛，正愁还没找到好题材，如果以娇娇的生活经历写一个故事，岂不是一个绝妙的题材吗？

2000 年春，儿童电视剧在石首天鹅洲麋鹿保护区开拍，儿童剧命名为《回家》。故事的梗概是：一头出生不久的小麋鹿，与它的母亲失散后，被两名小学生收养，他们为小麋鹿取名为"娇娇"。收养娇娇的两名小学生，对于娇娇今后的命运有着不同的思考：一个认为应该为娇娇提供终身保护，不要再让它在世间受苦；一个认为应该让它尽早回到它本该且早先生活的大自然中去。围绕着两个收养人的不同理解，从而引发了一连串的故事。在两位小学生的帮助下，最终娇娇找到了它的族群，回到了它母亲身边，回到了大自然中。

故事的高潮是，收养娇娇的小女孩上学去了，娇娇在家闷得慌，它独自跑到学校去看望小女孩。娇娇的到来引起了学校学生的好奇，影响了同学们上课，小女孩也受到了老师的批评，批评小女孩没有看管好娇娇。懂事的娇娇很快便离开了学校，但它没有回小女孩的家，娇娇觉得自己还是应该去找妈妈。

小女孩放学后，发现娇娇没有回家，娇娇失踪了，她焦急地约上小男孩到野外寻找。在野外，两个小孩发现不法分子正在捕捉娇娇，小女孩便机智地与不法分子周旋，让小男孩赶快回家找人赶来帮忙。小女孩的老师、同学和她的父亲——一位驯养师及时赶到，阻止了不法分子的不轨行为，娇娇安全回家了！

2000 年 6 月 1 日，包括中国在内的 36 个国家的儿童电视剧编剧、导演，带着他们最得意的作品和小演员，云集意大利特拉维索市，参加第十一届 C·J 国际儿童电视节。

娇娇和两位小演员在电视剧《回家》中的出色表现，征服了所有评委和观众。《回家》力拔头筹，获得两项殊荣：一是娇娇和两位小演员一同获最佳演员奖；二是《回家》获得世界和平奖！

在颁奖典礼上，主持人满怀激情地致辞："动物和我们人类同是地球村的一家。作为人类的共同朋友，可爱的麋鹿在中国受到了最好的保护，它们在自己的故乡恢复了野生，享受着人类的关爱和呵护！"

就在《回家》获奖的同时，娇娇也回到了它的同伴中间，娇娇回家了！

近亲繁殖不衰的密码

人们一提到近亲繁殖，首先想到的便是近亲繁殖会带来遗传缺陷，特别是人们普遍知道的人类"禁止近亲结婚"。对于野生动物出现的白虎、白孔雀、白鹿等白化动物个体，以及繁殖力降低、生命力差、畸形病弱等情况，都是近亲繁殖的表现形式。从分子遗传学角度看，是"不良"基因的纯合或隐性基因的纯合而表现出来的。

其实大自然中的野生动物在种群个体数量少的情况下也存在着近亲繁殖，出现畸形个体，多数会夭折，又容易被捕食，只是这种情况比较少，我们很难见到。绝大多数的野生动物在长期进化的过程中能有效地避免近亲繁殖，最为常见的情形是，幼兽、幼鸟有了生存能力后被双亲驱逐出种群或领地。

在人工条件下的野生动物或家养动物近亲繁殖就比较常见，许多人认为是坏事。但是，任何事物都有两面性，近亲繁殖其实也有优点。比如在家禽、家畜的育种上，经常采用"回交""反交"等形式，有目的地让某一种基因纯合或杂合，培育出人类所需要的某种特性的品种，如各种各样的犬、鸡、猪、牛等都是由野生动物在人工条件下在一定时期的近亲繁殖而培育成功的。对于麋鹿的近亲繁殖也是如此，只不过麋鹿的近亲繁殖负面效应已经成为历史，并未对现在的麋鹿发展造成严重影响。

从数量遗传学角度来看，全世界的麋鹿都是乌邦寺最初收集到的18只麋鹿的后代，全部的8雄10雌中，只有2雄8雌参加了繁殖，准确地说，现在的麋鹿都是乌邦寺10只麋鹿的后代。在形成乌邦寺种群前，欧洲各动物园饲养的麋鹿出现过明显的近交衰退现象，主要表现为寿命短，性比衰退。生长在良好的自然环境中的麋鹿性别比例应当是雌性个体数量等于或大于雄性个体数量，而最早在欧洲繁殖出的麋鹿雌性少于雄性。

从特殊的表现形态来看，麋鹿存在高难产的问题，这除了与食物、场地等多种环境条件有关外，近亲繁殖也是重要原因。麋鹿的近亲繁殖还表现在畸形个体的出生，如德国柏林动物园、英国乌邦寺都出生过黄白色个体，在北京还出生过先天无视力的雄性个体。科学家还对麋鹿的染色体和蛋白质多态性方面进行了分析，麋鹿的染色体只有一种形态，说明现生的麋鹿不像其他鹿科动物一样，它们不存在染色体数目多态现象。

麋鹿从100多年前参与繁殖的10只发展到现在的6000多只，进化程度已经很高，其遗传变异已大幅降低，成为一个遗传基因较为纯合的特化种群。这一结果是由于自然和人为两种因素造成的。其一是麋鹿于中新世早期最早从鹿科动物进化主干上分支，单独进化时间长。其二是麋鹿在最初进入欧洲时确实经历过严重的近交衰退，后经过遗传狭窄过程，大量有害基因被清除，随着种群的增长，经过自由竞争等种内调节，使麋鹿的优良性状得以保存，并安然度过"瓶颈期"，耐受近交的能力增强。

人为的影响主要是在乌邦寺麋鹿繁殖过程中，在其种群个体数量达到250只后，向外输送，并不断人为地淘汰毛色、体型、性情、繁殖能力等方面不合人意的个体，始终保持在600只的规模，使得具有优良品质的个体保存下来。因此，现生的6000多只麋鹿仍然存在近亲繁殖的问题，只是对麋鹿的发展没有造成大的影响。未来中国麋鹿保护的一个重要问题仍将是遗传基因的研究。

据考古学家的推算，在麋鹿的鼎盛时期，它的种群数应是上亿只。目前，中国在实施救护措施的前提下，国内的麋鹿数量已达到6000余头，占世界麋鹿种群数量的三分之二。据统计，世界上的麋鹿几乎都是处于一种近亲繁殖的状态。

无论在欧洲、美洲，还是中国，麋鹿都是圈养的。石首、大丰实施了麋鹿放归野外的实验，麋鹿恢复野性已经成熟。在神秘的麋鹿世界中，还存在着一个特殊的生命之谜，并引起了科学家的极大兴趣，也就是实施麋鹿第二次回归的基础条件——种群没有

退化的迹象。近亲交配，种群未衰。

　　生物学的常识告诉我们，按照常规，当一个物种群体过小时，必然导致近亲交配。近亲交配，将带来物种的退化。

　　海南陵水有一座猴岛，猴岛实际上是个长形的半岛，因为地理环境的隔绝，这里为数不多的猕猴只能近亲交配，退化现象严重。人们看到很多的成年猴只有猫一样大小，比常见的猕猴小得多。有关方面正在考虑从他处引进猴群，以改变它们的基因。现在全世界的麋鹿，都来自乌邦寺。当时贝德福德公爵收集的 18 只麋鹿中，只有 10 只有生育能力，因而目前 6000 只麋鹿都是那 10 只的后代。

　　大丰和石首，见到的鹿群都是膘肥体壮。动物学家们发现，麋鹿的某些习性向传统的生物学观点提出了挑战：近亲交配并未影响麋鹿种群的发展与繁荣。它体现的生命奥秘，为濒临灭绝的物种带来了福音。揭开这个谜团，有助于科学家们解开生命的密码。分子生物学的研究，揭示了基因在生命中的决定性作用。生物的性状是由基因决定的，生物的个体常常会携带一些有害的隐性基因，近亲交配的结果，增加了这些有害隐性基因纯合的可能。再就是，近亲的基因容量小，这就使它们的后代质量差，削弱了应变环境和疾病的能力。人类的近亲婚姻中，常见畸形、智障、痴呆的婴儿，而麋鹿为什么不受这种约束呢？它的基因中是否隐含了什么特殊成分？存在着什么神奇功能？动物学家们尝试对此作出各种说明、推测，其中有种说法是："生物高度近亲交配，反而可能导致有害隐性基因纯合，这种组合也许会导致有害隐性基因的死亡，而正常的基因却存活了下来。"

按照传统的理论：衡量某种动物种群是否还能存在时，临界值是 50 只个体。换句话说，动物的某一物种，若还有 50 只（非近亲交配产生的）个体，这个物种就还能保存下来，若少于这个数字，其实已经消亡。新的理论，使从事研究保护自然的科学家们受到了鼓舞。如果这个理论是正确的，恢复华南虎等野外数量不足 50 只的珍稀动物，就成了可能，就值得去努力。

冬季，麋鹿能否安好？

人，一到冬天就穿上毛衣、羽绒服，大部分时间在温暖的室内活动。而冬天里的麋鹿如何度过严寒呢？尤其是冬天雪后的麋鹿苑一片银装素裹，麋鹿们或在雪中觅食，有的在雪中静卧，我们不免为麋鹿担心，它们能否度过这漫漫冬季？其实这个担心是不必要的，野生动物在长期的进化过程中多半已经适应了大自然，具有了抵御寒冷或酷暑的生理机能和本领。

麋鹿散养区是典型的湿地环境，生长着大量的水生植物，如芦苇、蒲草、茨菇、蓼以及马唐草、水稗、狗尾草等麋鹿喜欢的食物，此时的自然景观与百年前麋鹿离开时仍相差不大，放出去的麋鹿很快就找到了它们爱吃的食物，大吃特吃，个个健康活泼，因此麋鹿的食物无忧。转眼就到了冬天，科研人员做了两手准备，一面准备了冬天的饲料，另一面为麋鹿搭建了防风御寒的棚舍。冬天草木凋零，麋鹿采不到鲜嫩的青草。为了保障麋鹿的健康，有时为它们提供胡萝卜、甜菜等多汁饲料，有时添加一些玉米、黄豆、大麦等粮食。麋鹿很聪明，每次总会把提供的饲料吃光。

麋鹿的"吃相"可以说不怎么文明，用"狼吞虎咽"来形容或许更为恰当，因为麋鹿是反刍动物，可以将食物简单咀嚼咽下肚里存于瘤胃，有时间再通过逆呕动作反到嘴里重新慢慢咀嚼后，再咽回到胃中消化。所以麋鹿在抢食有限的饲料时必须尽可能地多吃，这时的麋鹿"多吃多占"为的是生存得更好，不能说是自私的表现。吃完饲料后的麋鹿就会到水池饮水，然后到一个安静的地方休息，此时的麋鹿真可谓是"水足饭饱"。

麋鹿回到北京的第一个冬天，人们为麋鹿搭建了防风御寒的棚舍，但麋鹿们没有一个领情，整个冬天没有一只麋鹿享用过。无论是刮风还是下雪，麋鹿宁可挨冻也不进棚。不是麋鹿不知冷暖，而是我们当时不了解麋鹿罢了。

麋鹿同其他野生动物一样，在长期的进化过程中已经逐渐进化出适应环境的生理机能和本领。麋鹿为了应对夏天的酷暑和冬天的严寒，每年春季和秋季都要换毛，春季脱去又厚又密的冬毛换上稀疏的夏毛，秋季脱去稀疏的夏毛而长出浓密的冬毛。麋鹿的冬毛由针毛和绒毛组成，针毛是一种4～6厘米长的中空的管状毛，主要起保护皮肤不受外力和严寒伤害的作用。当麋鹿卧在冰冷的土地或雪地上时，就像铺了一层垫子，能够起到隔温作用。而绒毛比较柔软、纤细，密密地长在皮肤表面，分布在针毛之间。因此，麋鹿的绒毛就像人们穿的毛衣，而针毛就是外罩，再大的风也难吹透，再低的温度也难冻透。当然，麋鹿的这种适应性只局限在它们的原有栖息地范围，因为麋鹿的老家就是中国的东部平原、沼泽地区，在北京麋鹿苑生活的麋鹿就更没有抵御寒冷的问题了。

麋鹿的另一种御寒本领就是"惹不起，躲得起"，遇到刮大风的时候，它们都集聚在一起，找一低洼处，头朝着来风方向，静静地卧下，以减少能量的散失。

经过科学工作者的观察分析，认为这是它们自身需求和生活环境所决定的。麋鹿是喜水亲水的湿地动物。那些缺少高大乔木的广袤湿地，是麋鹿们赖以生存的环境。春季，它们在水中洗澡，消灭可能的体外寄生虫；夏季，它们浸泡在水中纳凉，捞食水草；秋季，它们在水边拣食高营养的已结实的草类，为越冬准备脂肪；冬季，它们不惧风寒，享受静卧雪中的快乐。在一年的生活周期中，麋鹿有两个最重要的时期——产仔期和交配期。产仔时，母鹿离开鹿群，找一处安静的地方产下仔鹿。大约10分钟后，仔鹿就可以摇摇晃晃地站起来，在母鹿的腹下找奶吃。随后，麋鹿会将仔鹿藏在高高的草丛中。繁殖期，一只公鹿可以占有几十只母鹿。公鹿将母鹿圈在水边的泥泽地上，如果发现哪只母鹿发情了，就与她交配，尽享做"皇帝"的感觉。因此，高度的警惕性和独特的生存方式决定了麋鹿不需要窝棚，在窝棚里它们会因为无法观察四周而感到不自在，感到没有安全感，所以麋鹿不进棚。

人类对野生动物的认知还远不够详尽，仍有许多奥秘需要探究，而笔者认为，保护野生动物的最好方式是保护自然栖息环境，而不单单是为野生动物"创造"条件。

麋鹿王的"三妻四妾"

脊椎动物进入繁殖季节，往往需要建立新的家庭。繁衍后代的方式一种是"一夫一妻"制，另一种是"一夫多妻"制或"一妻多夫"制。在发情交配的正常情况下，麋鹿王可交配 20～30 头雌性麋鹿，妻妾之多，一夫多妻之典型，堪称极端。

麋鹿的发情季节是在 6 月至 8 月。雄鹿通过实力得到"王位"后，雌鹿群刚开始并不愿意"依附"鹿王，但是迫于鹿王的"强权"，只好受制于鹿王，逐渐地发现鹿王"英俊威武"，能把那些讨厌的光棍们赶走，给它们一个安静的环境，于是喜欢上了鹿王，接受了鹿王。除了吃饭的时间，雌鹿们都是自愿地留在鹿王的保护范围里。鹿王经常几天甚至十天不吃也不睡。鹿王的一切努力都是为了顺利地与雌鹿们进行交配，繁殖后代。但是，有的雌鹿并不完全领情，感到饿了，不顾鹿王阻拦和光棍骚扰，坚持离开鹿王去觅食，甚至还有的跟着鹿王的死对头——挑战者"私奔"，也来个"红杏出墙"。

为了让"妻妾"进入动情期，参与交配繁殖，鹿王需要做很多努力。鹿王除了给自己雄壮的鹿角挂上长草作为修饰，给身上涂满带有自己粪尿的淤泥，还要继续修饰新房，比如到处撒尿，在周围的树干涂上眶下腺分泌物，以刺激妻妾们进入动情期。鹿王常在雌鹿群中不停地走动，以刺激雌鹿发情，同时寻找发情的雌鹿。如发现进入动情期的雌鹿，鹿王就尾随这头雌鹿。有的雌鹿会害羞地逃窜，鹿王就穷追不舍。雌鹿进入动情期，常将自己的头顶部、唇部和面部、面侧部在雄鹿身上摩擦，以表示亲昵，随后将尾巴竖起来，表明它已经做好了交配准备。当雌鹿站立不动时，鹿王立即抬起前肢，将两条前腿搁置在雌鹿背的两侧，进行交配。繁殖期过后，鹿群恢复了平静。这个时候鹿王基本上没有什么威力了，成了甩手"丈夫"，以后就是受孕后的雌鹿的工作。经过9个多月的怀孕期（大约280多天），鹿宝宝就要降生了。即将分娩的雌鹿开始离群，寻找合适的"产房"——生产环境，然后忍受阵痛将小鹿生下，舔干小鹿的身体，鼓励小鹿站起来，喂上初乳，再将小宝宝隐藏起来。雌鹿每到一定的时间便回来找小鹿喂奶，直到七天到十几天后，小鹿回到群中跟随母亲，哺乳期延续4～6个月。

"护犊子"的麋鹿妈妈

我们人类有一种行为现象，叫作"护犊子"，就是说母亲为了自己的孩子不受委屈而做出一些极端行为来保护自己的孩子。其实，麋鹿妈妈也有"护犊子"的行为，而且个个都表现优秀，在人类看来叫"母爱"，在麋鹿的生态学中叫"护子行为"。

现在保护区的麋鹿多半采用散养或"半野生饲养"方式，每年春季的4月份、5月份都有许多小麋鹿出生。这也是科研人员最

忙的季节，每天观察怀孕麋鹿的活动。当小麋鹿出生不久，吃上初乳后，母鹿就会带着摇摇晃晃、步履蹒跚的小鹿到一个安静隐蔽的场所，将小麋鹿藏匿起来，自己则在几十米范围内吃草、活动，时刻观察藏匿地点，防止任何动物和人靠近。而科研人员为了对出生小鹿进行测量，打上耳标，也要记住小鹿的藏匿地点，悄悄而迅速地将小鹿的身长、身高、体重等测量完，否则几天后的小麋鹿就不再有藏匿行为，而是跟随母亲一起活动，并且奔跑如飞，那时人是很难接近的。每次做小鹿的测量工作都要3个人配合才能完成，主要原因是麋鹿的"护子行为"，必须有一个人来阻挡母麋鹿，防止它伤害科研人员。当人悄悄接近小鹿的藏匿地点三四米的时候，必须快速抱住小鹿，将其放入专门制作的称重袋

第四部分　麋鹿观察保护

137

中，此时，小鹿必定尖叫一声，母鹿听到小鹿的叫声，会快速奔跑过来，一边跑一边吼叫，好像在安慰自己的孩子，说"孩子别怕，妈妈来了"，同时，也是对人的一种警告："你们敢动我的孩子，我跟你们拼了！"有些厉害的麋鹿妈妈会不顾人的阻挡而用前蹄拍打科研人员。平时麋鹿对人有些恐惧，见到人靠近自己50米左右就会躲开，而此时的麋鹿妈妈为了孩子真是奋不顾身，舍命护子。

麋鹿的"护犊子"还表现在小鹿受委屈的时候，有时一群出生不久的小鹿在一起追逐、打闹、玩耍，饿了就找妈妈吃奶。而有的小鹿看到近处的小伙伴在美美地吃奶，也不管是不是自己的妈妈，跑过去也要吃，被别的小鹿妈妈轰跑，一边跑一边委屈地尖叫。此时，妈妈听到后会急忙跑过来安慰自己的孩子，又是舔舐又是喂奶，真是一种母爱的最好表达，让人看后深感母爱的伟大。

麋鹿是一种野生动物，有着极强的母爱，多出于一种本能，也是一种本性，与生俱来。而我们人类的母爱，既有本性，又有比野生动物更高级的理性。可是，有时人类在对待野生动物时完全丧失了这种理性，因此虐杀动物现象很常见，如为了藏羚羊的皮毛而枪杀哺乳的母羚羊，眼睁睁地看着小羚羊活活饿死。有时，我们是否应当向野生动物学习呢？尊重生命！珍惜生命！

在麋鹿母子行为关系方面，主要有母鹿舔舐仔鹿躯体、哺乳、藏匿、保护，母鹿舔仔鹿臀尾部（刺激仔鹿排便及食仔粪便），仔鹿与母亲随行，仔鹿舔母鹿等等。

4月是麋鹿的主要产仔期，经过了280多天的孕期，小鹿出生了。初到世间的小鹿首先享受的是妈妈给的舌头浴，妈妈会把刚出生小鹿的全身舔得干干净净。刚生下来的小鹿非常弱，还不能站起来，可是，为了生存下去，一次又一次地爬起跌倒（有人称这是"拜四方"）。半个小时后，终于站了起来，在本能的驱使下，跌跌撞撞地走到妈妈的身体下面，用嘴在妈妈的身体上寻找乳头。对于第一次吃奶的小鹿来说，寻找乳头就不是一件容易的事，它们可能会在妈妈的脸上、肩膀或者是大腿上寻找，大概需要几分钟来寻找乳头。吃完初乳后，小鹿显得健壮有力了一些，便在妈妈的指引下，躺在一个安全隐蔽的地方睡觉。据观察，母鹿在藏匿仔鹿时将它带到特定地点，这时仔鹿并不立即卧下，而是从母亲身边离开，迈着还不协调的步伐走向大约 10 米外的卧息处。此时母鹿迅速离开，四处张望，按弯曲路径迂回返回鹿群，以防仔鹿被发现。产后 3 天至 5 天内，母鹿随群活动采食时将仔鹿藏匿，并在较固定时间前去哺乳，然后带其进行少量活动，又将其易地藏匿。产仔后 8 天至 15 天，母鹿不再藏匿仔鹿，而将其带入鹿群中，让它完全随群活动。

刚生下来的小鹿软弱无力，行动不协调，还不能跑，此时最容易被人捕捉。我们每天察看麋鹿的产仔情况，发现刚生的小麋鹿，就捉住它，给它检查身体并进行测量。有些较强健的小鹿，尤其是小公鹿，这时就会大声叫嚷，引得妈妈惊慌地跑过来，我们很快做完测量，立即把小鹿交给它的妈妈。有时小鹿刚生一两个小时，还没有分辨妈妈的能力，给它做完测量后，会跟随着我们离开，误将我们当作妈妈，这种现象叫作"印痕"。小鹿生下来后，母鹿用舌头舔干小鹿的同时熟悉并记住了小鹿的气味，它能在一大群小鹿中准确地将亲生小鹿挑出来。哺乳期间，母仔可通过气味和叫声彼此识别和互相寻找，如遇不测，小鹿发出尖叫，并惊慌地跑向母亲，母鹿则迅速携仔鹿躲避以保护之。

麋鹿中的 "光棍群"

麋鹿发情的季节，雌鹿一般被一头最强壮的雄性麋鹿占领圈围，于是其他的雄性麋鹿被驱赶出了群体，在鹿群外聚集在一起，就形成了所谓的 "光棍群"。因此，"光棍群" 只出现在麋鹿的发情季节里，"光棍群" 中既有成年雄性麋鹿，也有正处在成长期的亚成体。雄性麋鹿出生以后，就开始了准备繁衍后代的行动，摄取更多的食物，锻炼更强壮的身体，学习更多的生存技巧。它们在行为发育方面也具有很多的不同，雄性小麋鹿断奶之前就开始花更多的时间来回跑动，并且选择对手进行挑衅，然后互相用还没有长角的小脑袋互相顶来顶去。随着时间的推移，雄性麋鹿采食会越来越多，游戏性的战斗也会增多，正是这时，强壮的个体就会慢慢显现出来了。然而，鹿王只有一个，自然由最强壮的来担当。鹿王在成长期间打败了同龄的伙伴，同时打败了其他的成年公鹿，在母鹿心中树立了安全可靠的形象。其他被打败的雄性被迫离开鹿群，失去了与雌鹿的交配权，成为一群 "光棍"。

"光棍" 们并没有放弃，有的 "卧薪尝胆"，只顾在一边埋头吃草，积累能量和体力；有的则不断地试图进入鹿群，骚扰鹿王。一些刚刚发育的雄性麋鹿则不知深浅，看着雌鹿群跃跃欲试，却一次又一次地被赶出来。随着时间的推移，不吃不睡的鹿王体力消耗很快，这时就给了 "光棍" 们一个翻身的机会。聚集了足够能量的公鹿终于鼓起勇气向鹿王发起了挑战，大有 "不成功便成仁" 的气势。其他的 "光棍" 一看机会来了，在鹿王无暇顾及的情况下，都过来趁火打劫，准备浑水摸鱼捞一把。整个鹿群立即混乱起来，小鹿害怕得"咩咩"乱叫，母鹿被公鹿们赶得四处乱跑。一旦鹿王被确定下来，这些浑水摸鱼的公鹿又会被赶得四处逃窜，回去继续做它们的"光棍汉"。直到发情期过去，它们才能再回到雌鹿群中去。

自然野放的偶然与自然法则

石首麋鹿的野生放养工作看似已经常态化，但它的提前回归自然，却反映了真正自然的力量。我们在揣测各种现代功能态势时，没有想到一场洪水将麋鹿自然又不自然地推向了野生环境，个中所隐含的不平常，对现代人来说有着更多的启示。

石首麋鹿保护区第一批麋鹿刚来时，全都放养在只有几亩地的围栏中，4个月后转到十多亩的大圈中。虽然地方是太小了，但植被情况好，这里原来都是长江冲积形成的河滩，芦苇、水灯心、稗草、马鞭草都长得很茂盛。割草也很方便，便于冬季投放干草、精饲料。精饲料原来每天每头要 2000 克，后来逐渐减少为 500 克。

1995 年，占地近 134 平方千米的围栏建成了。麋鹿转移到大圈时，举行了放归仪式，电视台、报社各层领导来了很多人参观——体现了人们对麋鹿的关心。在放归的过程中，麋鹿留恋故居，不肯从设置的过道进入大围栏。这可急坏人了，喊叫、敲击响器——什么招数都使出了，它们有恃无恐，就是不走。还是学生物的李主任有办法，他请客人们暂且回避一下，然后抱来了青草，撒在过道中。没一会儿，麋鹿们经不住食物的引诱，终于走向了新的居所。它们一到达大的围栏，立即欢腾雀跃地奔向了草地、苇丛、江水边……

保护区的鹿群，每年以20％左右的速度增长着。丰富的食物，养得麋鹿们膘肥体壮。细心的老李经过反复观察、研究，和大家商量一番后，终于做出了重要的决策"革它们的命"，不再投放精饲料了，因为繁茂的植物世界足以满足它们的食量。到了冬季，连每头500克精饲料也不投放。它们在北方的祖先，能掘开冰雪寻找草根，在这里的冬季，它们喜爱在浅水区啃食沉水植物。"革命"成功了，麋鹿的膘情是最有力的证明。

保护区领导高兴得有些早了，他们还没真正地认识麋鹿。大自然已为麋鹿们恢复野性提供了极优越的条件，几百年小圈饲养失去的记忆，正在慢慢地苏醒。

1996年2月，两头麋鹿失踪了，大家冒着严寒，纷纷出去寻找。然而，没有任何消息，连蹄印也没有发现，还能是上天入地了？

不久，邻县监利那边传来了消息：发现了两头奇怪的动物，正在思谋着如何处理时，保护区的人赶到了。它们是从哪里逃逸的？细细考察，才发现是从滩头走的。枯水季节，露出的滩头大。这是设计围栏时没有想到的。

1996年的春天，时常有麋鹿逃跑的报告，麋鹿们想要去探索外面精彩的世界。

那年的汛期使保护区的防汛显得格外紧张，正当忙得人寝食不安时，又失踪了一头！

找了几天，毫无收获。那两天广播、电视成天开着，但没有得到一点消息。

嗨，奇迹发生了：人们看到一只顶着大大的犄角的鹿，正在长江游水，从江南三合垸向江北那边游去。

正是汛期，江水流速很快，那鹿迎着波浪前进，两只有神的大眼，转悠着，没有惊慌，没有失措。急流猛力把它往下冲，它就顽强地顶着风浪游，似乎有着一条航线，它总是要回到这条航线上。长江在这段的江面有 2000 多米阔，再加上水流，应在 3000 米的游程。大鹿顺利地游到了岸边，从容不迫地向围栏里的鹿群走去！它正是失踪的那头麋鹿。在短短的几天，它两次横渡长江！谁说麋鹿的记忆力差？它认识路，它知道鹿群在哪里，它能像个优秀的水手识得航线，它能在急流中掌握方向！麋鹿的野性，让保护区的人大开眼界，大吃一惊！

1998 年，长江发特大洪水，为保护鹿群，上上下下、方方面面给予了众多关心，采取了各种防范措施。意想不到的情况还是出现了。为了减轻洪水的威胁，以免造成更大的损失，根据防汛指挥部的命令，这里将成为泄洪区。滔滔的洪水，从炸开的圩堤轰隆隆地淹没了田野。保护区的 150 多头鹿，全部集中到大堤上。不久，大堤上残留的这段成了孤岛，四面都是滔滔江水。鹿群就生活在孤岛上，没有了围栏，也不再担心它们逃跑。保护区的全体人员，分班守护，最困难时大家两天没有吃到一口饭。

麋鹿们泰然处之，并没有惊恐不安。它们爱水，泡在水里舒适、惬意。在深水处，下巴放到树丫上，一躺就是半天。饿了，它们游出去采食露在水面的芦苇、树叶。一只小鹿不慎落水，被流

水冲击得沉沉浮浮。正当人们惊呼并试图营救时，扑通一声，它的妈妈已跳到水中，奋力向孩子游去。快接近小鹿时，它将头低下潜游，再浮出水面时，已将孩子驮在背上。后来，人们还时常看到，母鹿驮着孩子戏水、采食，这一幅幅生动的麋鹿戏水图，再现了古云梦泽的大致面貌。

保护区在建立围栏时，本意是要借助长江、故道两水之间的河汊作为天然的屏障。谁知歪打正着，无意中造就了麋鹿的天堂。它们在这个天堂里，激活了遗传基因中的密码，很快踏上了野性复苏的道路。

汛期安澜动人心

"石首刘发洲，十年九不收。"这是《湖北通志》《荆州府志》对石首水患的记载。《石首县志·民政》（同治丙寅本）载："石首滨江为邑，岁苦淹没。"《民国年鉴》记载："民国6—38年，石首发生重大水灾16次，平均两年1次。"

上述历史片断的记载，主要是关于旧中国时期洪水对石首地区造成的重大灾害。新中国成立后，筑牢堤防，整治崩岸，农田水利设施大量兴修，石首地区的洪涝灾害得到根治。但天鹅洲是长江故道，四面环水，野生麋鹿能否安然渡过第一个汛期，便成为人们关注的焦点。

早在麋鹿进入2.3万亩保护区之际，北京麋鹿生态实验中心的王宗祎教授在天鹅洲实地考察时就指出：麋鹿渡汛是麋鹿在原生地恢复野生的必由之路，千百年来谁也没见过。麋鹿首次渡汛是在防洪设施不太完善的情况下进行，更具风险。

保护区管理处在广泛听取各方面意见的基础上，根据保护区现有条件，采取了高坡避水、垸内林地突击拦网、安全转移等系列措施，制订了保护麋鹿安全渡汛的具体实施方案。

天鹅洲麋鹿渡汛引起了各级领导的关注。1995年5月，湖北省委书记贾志杰在有关文件上批示："今年可能有洪水，麋鹿能否安全渡洪也是一件忧心之事。请有关部门早做检查，事先采取措施，防患于未然。"1995年6月，湖北省副省长李大强、王生铁，荆沙市委书记卢孝云、市长张道恒组织调查组，到石首天鹅洲展开麋鹿渡汛工作的实地调查。石首市委副书记刘志田、副市长龚浩然组织召开全市有关部门和乡镇负责人会议，下达了麋鹿防洪工作任务，并作出了建立麋鹿安全转移区的部署。石首市委书记夏述云、市长王新民也多次到保护区实地检查麋鹿防洪工作的落实情况。1995年7月初，湖北省环境保护局副局长宋文林、处长孙公圣等领导坐镇天鹅洲保护区，会同石首市环保局和保护区负责人，组织实施境内林地突击栏网和外逃麋鹿的安全转移工作。

由于准备工作扎实充分，应急措施稳妥得力，麋鹿在第一个汛期有惊无险。

7月5日下午至6日上午，长江洪峰突至，天鹅洲故道水域与长江相通，洲滩洪水猛涨1米以上，整个保护区内顿时一片汪洋。

这时，正在芦苇丛中游荡觅食的39头麋鹿，惊愕地望着这突如其来的洪水，不知所措。当水深齐麋鹿的脖子时，它们发出惊恐的呼叫。首先呼叫的是小鹿，它们惊恐的呼叫引来母鹿鸣叫，并向小鹿靠拢，似乎是安慰小鹿，让它们不要害怕。最后是雄鹿发出低沉的吼叫，头鹿一边吼叫一边带头游向高处，其他雄鹿也一边低吼，一边团团圈住小鹿和母鹿，它们簇拥着跟随头鹿，结伴游过栏网，向附近的江堤上转移。

划着小船一直严密监视麋鹿动向的管理人员，见到麋鹿按预设线路自动转移，并相互关照的感人一幕时，大家又惊又喜，迅速采取了相应措施，诱导鹿群进入境内林地栏网区。

当王宗祎教授风尘仆仆专程从北京赶到天鹅洲视察，见到遭受洪水围困的一群群麋鹿正悠闲自在地在洲滩边啃食露出水面的青草和苇叶时，老教授的担忧顿时烟消云散，不禁为野生麋鹿自然渡汛的能力惊叹不已。

1998年，长江流域遭遇历史上罕见的特大洪水，为了顾全大局，保护区所处的新洲垸按照省防指要求破口行洪，保护区一夜之间全部处于一片汪洋，没有围栏的保护区任由刚刚发展至200多头的麋鹿四处逃散。当年出生的小鹿面对滔天洪水无法躲藏，几乎全部被淹死，一些来不及躲水避洪的成年鹿只能昂着头哀叫着漫无目的地游荡在茫茫水域。据不完全统计，保护区当年被淹死的麋鹿有60余头，被冲散的麋鹿达80余头，石首麋鹿种群遭遇生死存亡的关键时刻。

6月25日，受长江流域上顶下托的影响，长江水位持续上涨，直逼历史高水位记录。到7月中旬，大堤上又筑起了子堤，形势越来越严峻，麋鹿的安危成为最受关注的话题之一。根据当时水位居高不下的形势，结合气象和水利部门的预报，为避免重复受灾，保护区制订了高处避洪借残堤躲水的方案。

7月8日，保护区沿堤开始实施扒口行洪。防汛民工撤离后，经请示防汛指挥部将残堤交由我们管理。为了更好地执行应急预案，行洪时保护区放弃了转移生活用具用品的机会，冒着大雨夜以继日组织麋鹿转移。首先打捞水草堆放在残堤上引诱在洪水中挣扎的麋鹿，其次用小木船组织人为邀赶，让麋鹿向指定方向转移，经过一个多星期的连续作战，终于将108头麋鹿转移到残堤上。在这一个多星期的时间里，保护区职工困了就在搭建的简易棚内躺下休息一会，饿了就啃干粮，一个星期不洗澡，不换衣，里面一身

汗，外面一身雨，也顾不得蚊虫叮咬。麋鹿转移至残堤后，保护区职工在残堤两端派人驻守，防止麋鹿游水逃走。租用的两条小渔船每天在滔滔洪水中往返数十公里，打捞水草，喂养麋鹿。我们在大堤上立起了生死牌，誓言"堤在人在，人在鹿在"。

8月19日，第六次洪峰通过，残堤也上水了，驻守的残堤再加上子堤，原有的哨棚墙脚上水后，开始下沉，墙体裂开。那天晚上我们晚上谁也不能睡，轮流讲故事保持清醒，防止洪水淹没或冲垮我们临时搭建的蜗居地。此时，四周一片汪洋，两条小渔船成了我们十来人唯一逃命的工具。

艰难的环境和惨痛的现实给保护区留下了难忘的记忆，残堤救鹿的故事也在每个职工的回忆里时常出现。坚守的责任意识，在以后的生活中成为常态，这就是1998年给我们留下最宝贵的财富。国家环保总局来电慰问称："这是中国在特大的自然灾害年份，保护大型野生动物最成功的范例，为我国保护其他野生动物积累了宝贵的经验。"

麋鹿，古代农业和物候的象征

考古发掘的新石器时代遗址表明，北起黑龙江、辽宁、山东，东至江苏、浙江，南到海南的沿海一带，都有鹿角的遗存发现，长江中游的湖南和黄河流域的陕西也有发现。

1956年时，浙江桐乡罗家角村的农民在水田开沟劳动时，发现好些动物遗骨，因为从来没有看到过，误传为龙骨。农民将其拿到中药铺出售，后来越掘越多，中药铺不收购了，转卖给废品收购站。经收购站向文物部门反映，派人去罗家角实地考察，确认是一处新石器时代遗址。当时因人力不够，没有立即发掘，只加以保护，到1979年才正式开掘。发掘的结果表明，这是一处很重要的新石器时代稻作遗址，时间经测定，距今已在7000年以上，比河姆渡遗址略早。出土的遗存物中，有碳化的稻米，及许多动物骨骼，如狗、水牛等，此外还有鹿骨，经鉴定，是麋鹿和梅花鹿（Cervusn/Ppon Temm Inck）的角。鹿角是用来制作勾勒器的，此外，将鹿角加工成的鹿角锄，在陕西长安客省庄、黑龙江宁安莺歌岭、山东大汶口等遗址都有发现。2004年，在浙江余姚田螺山发现较河姆渡遗址略早的新石时代遗址，出土的实物较河姆渡更丰富，其中即有大量的鹿角，鹿角中有大而分叉的，有可能是麋角，但要等鉴定的结果才能证实。各地新石器遗址出土的动物遗骨中，以猪和麋鹿最多，猪是驯化的家畜，而麋鹿则是狩猎物，反映了原始农业时期狩猎还占很大的比重。

麋鹿的生境条件与原始稻作农业的关系是密不可分的，古籍文献上只是很简单地说麋"性喜泽"或"麋，水兽也"。现代观察发现，麋鹿的主蹄宽大，能分开，趾间有皮腱膜，侧蹄发达，所以适宜在沼泽地行走，又善游泳，横渡长江，轻而易举。麋鹿是草食动物，取食沼泽地的多种禾草、苔草及鲜嫩树叶。麋鹿所处的这种生态环境，恰好也是种植水稻的适宜环境。

传统农业的稻田要有整齐的沟渠系统，稻田要经过细致的耕、耙、耖，保持水面平整，以利排水和灌水等。而早期的水田养护与之完全不同，原始稻田是利用麋鹿践踏过的沼泽地，用来播种（不是插秧），因为那些麋鹿吃剩的叶子、草根等都被麋鹿踩踏在泥里了，水和土一片黏糊，民间称之为麋田。《越绝书》中提到："播种五谷，必以手足，大越滨海之民，独以鸟田。当禹之时，舜死苍梧，象为民田也。"东汉的王充认为这种说法是不足信的，他指出："苍梧多象之地，会稽众鸟所居，象自踏土，鸟自食苹，土蹶草尽，若耕田状，壤麋泥易，人随种之。"又举海陵麋田为例反驳说："海陵麋田，为象耕状，何尝帝王葬海陵者耶？"王充用"壤麋泥易"形容土壤的糊软，所谓海陵麋田，《博物志》有较详细的描述："海陵县扶江接海，多麋鹿，千百为群，掘食草根，其处成泥，名曰麋耍，民人随此而略，种稻不耕而获其利，所收百倍。"海陵在东汉时属广陵郡，今江苏省泰州一带。《博物志》是一部文献的分类抄编，成书在晋朝，所说的麋鹿踩踏现象是汉朝的记载，其时间当然比汉朝更早。

20世纪末，在江苏大丰（现在国家三大麋鹿养殖场之一，汉时属广陵郡）附近发掘出土了大批千余年前的麋鹿遗骨，可以证明《博物志》所言非虚。将这些麋鹿遗骨的长度、直径、质量等数据，与现在繁殖的麋鹿角骨标本进行比较，可见基本没有什么变化。麋鹿的性情温和善良，极容易猎取，它的皮、肉、骨、角（茸）、胎都富有利用价值，这使得麋口不断减少，可以利用的"麋

第四部分　麋鹿观察保护

149

田"越来越少。同时，人口增长促使开辟更多的稻田，将沼泽地改作稻田是首选，在这种情况下，依赖麋耕已经不切实际。先民们显然从麋鹿的踩踏中得到启发，改为利用牛力（水牛）踩踏，把田土踩烂踏糊以后，播种水稻，也可以收到同样的效果。从此，原始的稻作农业进入一个现今已很陌生的蹄耕阶段。

蹄耕，或称踏耕，就是驱使十几头水牛同时在水田里来回踩踏，把田土踩糊，然后植播稻谷。蹄耕在中国东南沿海一带、即原先有麋耕的地方，曾是一种常见的现象，它是畜力牛耕以前的一种比较普遍的形式，蹄耕受到麋田的启迪而发明，牛力踩踏更便于广泛推广应用，因而蹄耕陆续向中国东南周边的岛屿国传播。东南麋耕的地区，正是古越族分布地区，古越人在秦汉时即不断向日本移民，更早的时候，百越即已南下到达印尼、菲律宾岛屿，带去了稻作农业和铜鼓文化。踏耕从东南亚的日本九州南部起，经冲绳、琉球、宫古岛等岛屿及我国台湾地区，一直向菲律宾、马来西亚、印尼、越南、斯里兰卡等，都有使用分布。海南岛的黎族、云南的傣族及泰国的泰族也有踏耕。麋鹿与水稻还有这么一段密切的关系，为大多数人所不知。中国在汉以前，冶铁业都集中在北方，牛力犁耕先在黄河流域推广，然后随着北方农民的陆续南下，把犁耕技术带到南方，才结束了南方的踏耕和火耕水耨的稻作形式。

麋鹿的分布广，数量多，体型高大优雅，逗人喜爱，麋鹿的皮、角（茸）、肉、骨、胎利用价值高，又容易猎取，从而成为前人狩猎的主要对象。麋鹿的一些生活习性特点如一雄配多雌，冬季脱角等，引起古人的注意和联想。古人用阴阳二气解释，如《尔雅》解释一般的鹿角都在夏天脱落，而为什么麋麋角在冬天脱落？释曰："鹿是阳兽，情淫而游山。夏至得阴气而解角，从阳退之象。麋是阴兽，情淫而游泽，冬至得阳气而解角，从阴退之象。"这种描述，初看似属迷信，但是含有深刻的道理。古人知道夏至后太阳的光照逐日缩短，昼短夜长的日子从此开始，意味着日积温逐渐减少，故称夏至是"阳退"之象。冬至后太阳的光照日渐延长，开始了昼长夜短的日子，意味着日积温逐渐增加，故称冬至是"阴退"之象。所以这里的阳退或阴退，可以理解为白昼光照长短的消长规律。生活在北半球的人，对冬至后日照逐渐延长更感关切，因为昼从短转长，正是万物复苏之始，人们的生产生活也随之繁忙起来，一切都充满着希望。白昼刚从短转长的变化是看不见、摸不着的天象，麋却恰好是在冬至解角，成了象征这个转折点的指示动物，这尤其使古人铭感麋的神秘莫测。所以早在《夏小正》中，便把"陨麋角"作为夏历十一月的物候指示："十一月，王狩；陈筋甲；啬人不从；陨麋角。""王狩"是指王者率领众人投入冬猎。筋和甲代表弓箭和兵甲，也即武器（筋是制弓的原料，革是制护甲的原料，陈即陈列）。冬猎是一年一度盛大的活动，可借此机会显示国朝军事威力，所以要陈筋甲。啬人是农官，与狩猎之事无关，故可以不从（不参加）。"陨麋角"是羌、藏族语言的词序，主语后置，汉语词序是主语前置，按汉族词序，应作"麋角陨"或"麋角解"。根据现代的观察，证明麋角的确是在冬至时脱落，而梅花鹿、马鹿等都在夏至时脱落。

　　"陨麋角"是原始的以物候定天时的经验之一，其地位特别重要。雄麋身躯高大，其角重复分叉，形成巨大的树冠状，雄伟美观，象征着高贵、领袖的地位。这样巨大的角竟然在冬至时脱落，开春后又能迅速重生，与天象的大地回春紧密联系。麋鹿通常在阳历七月份交配，一雄配多雌，怀孕期长达九个月以上（270～290天），故当年的七月交配怀孕，要到来年五、六月产仔，每胎仅产一仔，与人类很相似。而麋角生长之快速，早引起古人的惊异。南宋沈括说，哺乳的动物，肌肉生长最快，筋次之，骨的生长最慢，所以一

第四部分　麋鹿观察保护

151

个人要到二十岁才骨髓方坚，"唯麋角自生至坚，无两月之久，大者乃重二十余斤，其坚如石，计一昼夜须生数两，凡骨之顿成长，神讯无甚于此，虽草木至易生者，亦无能及之"，所以麋角是"骨之至强者，所以能补骨血，坚阳道，强精髓也"。统治者从这种神秘的自然力中产生了以麋象征皇权的强大力量的思想，认为是天人感应的结果。

这种观念是在冬季狩猎时，氏族长（奴隶和封建社会的帝王）率领猎手们守候着观察"陨麋角"的现场所形成。"王狩"之"狩"，从"守"，有守候义，狩猎不是单纯的出击，还要耐心地守候。这种观念是如此的深刻而久远，以致用麋鹿象征皇帝的权位，如《史记·淮阴侯列传》："秦失其鹿，天下共逐之，于是高材疾足者先得焉。"裴骃《集解》："以鹿喻帝位也。"这就是后世成语"逐鹿中原"的来源。《史记·殷本纪第三》记载："周武王伐纣，纣王兵败……登鹿台，衣其宝玉衣，赴火而死。"纣王登鹿台自焚，是表示与他的皇权（鹿台）同归于尽。

鹿因与原始农业及狩猎的关系极其密切，从而成为人们捕猎取食的对象，这又使得鹿的数量不断下降。早在春秋时，统治者已经开始兴建人工饲养的麋鹿场，称之为鹿苑，《春秋·成公十八年》中载"筑鹿苑"以供观赏兼狩猎之用，这鹿苑的名称和建制一直保留到清代。周文王时筑有灵台，台下有很大的灵囿，放养动物；囿中又辟有池沼，以养鱼类，称灵沼。《诗·大雅·灵台》："经始灵台，经之营之，庶民攻之，不日成之。……王在灵囿，麀鹿攸伏，麀鹿濯濯。白鸟翯翯。王在灵沼，於牣鱼跃。"据《毛传》解释："囿，所以域养禽兽也。天子百里，诸侯四十里。"说明不单是天子，各诸侯国也有囿，但范围要比天子小些。所谓麀（音同优）鹿，即雌麋，"麀鹿攸伏"指雌麋很悠闲地生活在囿里，下句重复说"麀鹿濯濯"，笔者认为这句的麀鹿应是牡鹿之讹，当作

"麎麌濯濯"，意指雄麋长得又肥又壮。雄麋在鹿群中特别高大显眼，诗句里两次提到雌麋，而不提雄麋，是不合实际情况的。只有"麀鹿攸伏，麈鹿濯濯"才更符合灵囿里麋鹿种群生活的全貌。需要说明的是，这里的"麈"（简化字"尘"）是对甲骨文雄麋的借代，不是指尘土之尘。甲骨文里的"麈"是麋下加"一竖一横"，是雄性生殖器的象形。甲骨文时期的字形尚未规范化，同样表示雄性生殖器的，可以作"一竖一横"状，可以作"土"形，也可以作"且"形，因楷书里没有一竖一横的字符，这里暂且从土形。在金文里，凡是要标明动物雌雄性别的，都在该字旁加上雌性符号"匕"，或雄性符号"土"，如雌羊可写成羊旁加匕，雌狗在狗旁加匕等，最后都统一为牛旁加匕的"牝"和加土的"牡"，作为修饰语放在中性词前，称牡羊、牡鹿、牡马或牝羊、牝鹿等，不再使用专门的麀或麈了。

皇家园苑里养麋，供观赏、看麋角陨和行猎的制度，历代都有记载，此处不再一一列举。这个制度一直延续到清代，清代的乾隆皇帝对麋角陨还有一段误会，不妨附带提一下。麋是统一的书面语，有些地方的称呼则不同，《汉书·地理志下》说："山多麋麈。"《说文》释麈为"麋属"是正确的。据徐珂《清稗类钞》的解释："麈，亦称驼鹿。满洲语谓之堪达罕，产于宁古塔、乌苏里江等处之沮洳地。俗称四不像。"乾隆是满人，只知道堪达罕即方言的"麈"，不知道麈即麋。乾隆曾在南宛亲自观察麈的陨角是在冬至，便认为古籍上说的陨麋角在冬至是麈之误传，曾下令对顺治二年颁行的"时宪历"（乾隆时因避弘历讳，改称"时宪书"）给予纠正。直到清末，严章福才在《"说文校议"议》中指出："今之麈，即《说文》之麋；今所谓麋，即《说文》之麈。"乾隆可说是只知其一，不知其二了。

第四部分 麋鹿观察保护

153

麋鹿也喜欢“出镜”

大雨滂沱，风雨飘零，麋鹿当如何呢？这个问题一直是我心中的一个疑惑，没想到竟然在湖北电视台一次偶然的拍摄中得到了很好的释疑。摄制组选择了一次雨天进行了记录，雨中的保护区显得很萧条，秋天的气氛在雨中已显得很浓厚，落叶、残枝、枯苇已经将秋意呈现得很明晰了，摄制组吴导一边开车，一边感慨不止：“好啊！我要的就是这种景象。”但我们更多的是担心难以在雨中探寻到麋鹿踪迹。

凭多年的工作经验，麋鹿在下雨时一般会躲藏到树丛中，这将为拍摄带来困难。车辆在保护区的腹地缓缓而行，但仍未出现麋鹿的踪影，就在快到道路尽头之时，几只白鹭突然飞起，沿着白鹭起飞的地方望去，雨雾中好像有几只麋鹿站立在那里。同行的人问我："你怎么通过白鹭找到麋鹿的？"我微笑着说："麋鹿和白鹭是一个比较默契的生物链，因为麋鹿身上有一种害虫是白鹭喜欢吃的食物，所以在保护区里一般看到了白鹭就可以找到麋鹿。"在冰冷的秋雨中，麋鹿们仿佛早有准备，在雨中显得出奇的安详，白鹭围绕着它们在时飞时落、忽高忽低地表演，斜落的秋雨好像对它们没有任何影响，麋鹿吃草逗闹，一切都和晴天一样。麋鹿的从容和白鹭的悠然一如往常，两个物种间的和谐互动在雨中精彩呈现，雨还是不停下着，但摄制组的同志们已沉浸在这难得而又少见的画面之中。

雨好像变得更大了，天也暗了下来，视线也很模糊。车开得很慢，快接近保护区平台时，吴导却意外地发现了我们下去时没有发现的一群麋鹿，他惊喜地大喊："快看，麋繁殖群！"听到他的喊声我想也没想就说："这是不可能的。因为麋鹿组成繁殖群应该是在 6～8 月，现在是 9 月下旬了，不可能还有明显的繁殖群出现。"但是我出了车门后，事实却让我疑惑不已。我看到一个公鹿还挂着头饰，在它身边有二十多头母鹿，也找不到其他公鹿混在其中，随后出现的情况进一步推翻了我的判断。另一只公鹿出现后，缠着头饰的公鹿就奔向前拼命追赶这个不速之客，且反复做着这种动作，我知道这种追赶不是简单的追赶，而是一种典型的保护繁殖群的现象。我越看越有点百思不得其解，时间一进入秋季，麋鹿的发情期就会过去，按理说不会再有这样明显的繁殖群出现的，但眼前的事实让我更加明晰了学无止境的道理。我们把现场所看到的繁殖群取了一个好听的名字，叫"秋日雨中最后一个繁殖群"。我开始庆幸自己为同行人们那种坚持不懈的精神和认真负责的态度所感动，还有就是这两次意外的发现改变了我的认识，让我关于麋鹿的阅历变得更加充实了。

狼群与麋鹿

越来越多的研究证明，20世纪对于狼和灰熊的捕杀导致了自然生态系统的失衡。来自俄勒冈州大学的研究者发现，狼群家族的兴盛不仅影响麋鹿吃草的地点和方式，甚至影响到溪流边柳树的数量。

1995年和1996年狼群再度进入美国国家黄石公园之后，研究者们注意到狼群能够有效控制麋鹿的活动范围。在地形多变的情况下，麋鹿容易被狼捕食，比如在渡过一条小溪的时候，于是麋鹿很快就懂得避免到这些区域活动。如果没有狼群，麋鹿会毫无顾忌地到任何地方去吃草，生态系统便会开始出现失衡，但是只要狼群一回来，一切就正常了。

研究人员把这一区域现在的状况与过去相比后发现，大约在1925年，当最后的狼群被捕杀之后，这一地区溪流边的植被迅速减少。而溪流边的植被有着不可低估的作用，它可以防止河床被侵蚀，降低水流温度以便鱼类的生存，为生物提供养料。此外，它还是鱼类和两栖动物的栖息地。

在保护区外面狼群出没的地方，被吃掉的柳树数量占比从1998年的92％下降到2002年的0。但是在狼群活动概率极低的保护区内部，柳树被吃掉的数量几乎年年不变。

爱达荷州大学的野生动物学教授吉姆·派克说："这项工作十分重要，因为它让我们认识到捕食者对于维护生态平衡的重要性，而不仅仅是看到捕食者会吃掉弱小动物。"同时，他还认为在一些更加开阔的区域，狼群对麋鹿的影响可能不是很大，比如在怀俄明州的中部。

第五部分
荆楚链接·麋鹿

《麋鹿家园》拍摄故事

　　2010 年，由湖北广播电视总台卫星频道、湖北省环境保护厅、湖北石首麋鹿国家级自然保护区联合摄制的高清纪录片《麋鹿家园》斩获的殊荣不断。当年 6 月，《麋鹿家园》获得首届中国-东南亚-南亚国际电视纪录片"山茶花奖"；10 月，《麋鹿家园》获得中国（西安）国际影视节纪录片奖；12 月，中国（广州）国际纪录片大会上，《麋鹿家园》再获最佳自然环保类纪录片大奖。殊荣背后，我们看到了人们对自然和谐的追求，对环境保护的重视，对生态文明的期盼，也看到了环保人士对麋鹿等稀有物种保护的高度关注和为之不懈努力的真情流露。

一、拍摄缘由

将记录的视角转向国家一级保护动物——麋鹿，是因为这一物种作为中国特有的一种湿地鹿科哺乳动物的珍贵。秦汉以前麋鹿和家猪的数量相当，然而，随着人类活动的增加、大肆猎取以及战乱、洪水等自然灾害，1900 年北京皇家猎苑仅存的 200 头麋鹿死亡，宣告在中国麋鹿基本灭绝了。20 世纪 90 年代，斗转星移，散落于英国的几十头麋鹿，失而复得，重新回归东方故土——麋鹿原生地之一的湖北石首麋鹿国家级自然保护区。这一充满悲欢离合的麋鹿故事，自然而然成为湖北卫视电视人关注的重点选题。

二、拍摄过程

拍摄工作伊始，吴小平拍摄组的责任意识就很明确："要想收获纪录片难得的生命感动，引起现在中外观众的共鸣，必须要注入个人的全部情感，发现不应被湮没的个体生命价值，抓拍到鲜活真实的细节，充满张力的震撼镜头。"保护区外的长江故道上渔民与麋鹿的矛盾使麋鹿的生存危机多次爆发，工作人员由此而产生的责任感倍增。缘于责任，保护区为拍摄《麋鹿家园》想尽了办法；缘于责任，拍摄组历经了各种艰辛。在拍摄中遇到的最大困难就是如何接近麋鹿。为了接近它们，不仅人要穿上迷彩服，连摄像机、电池、背包等所有的东西都得"穿上"迷彩，才有了麋鹿生活的点滴记载。

三、拍摄效果

《麋鹿家园》以独特的视角，耗时三年近距离追踪拍摄中国麋鹿，最终讲述了一个物种由濒临灭绝到再生的传奇故事。《麋鹿家园》记录了我省石首国家级麋鹿自然保护区内野生麋鹿繁衍生息的状态，提出了尊重生命、呼唤人类与自然和谐相处的话题。透过影片，人们看到了作者对生命的尊重。据相关报道，《麋鹿家园》还得到了国际电视节和多个欧美国家电视市场部门负责人的首肯。

麋鹿在中国古人的眼里被奉为"神兽"，它是皇家猎苑狩猎的对象，也是宗教仪式的重要祭物。角似鹿，蹄似牛，头似马，尾似驴，其"四不像"的俗称广为人知，在西方人眼中，它又被称为"大卫神甫鹿"，可见东西闻名的世界珍稀物种——麋鹿的影响力之大，传播力之广。《麋鹿家园》拍摄完成后，特别是在中央电视台播放后，石首麋鹿在社会上所获的关注度大增，前往保护区参观人数倍增。

走出去的麋鹿科普"课堂"

2014 年 10 月 9 日上午 9 时，石首迎来一件环境保护教育的盛事：由石首麋鹿自然保护区（以下简称"保护区"）与中国野生动物保护协会、石首市教育局联合编写的地方教材《麋鹿回家》首发仪式在石首市实验小学举行，共 5000 册教材被免费发放给全市五年级学生使用，这也是石首市首次推出的地方教材。

一、缘起：走出去宣传的初衷

2006 年的一次环境教育活动波折让保护区宣传教育负责人和他的同事们记忆犹新：已与某个学校确定了参观麋鹿保护区的活动方案并做好了安全预案，大到车辆安排、活动路线、指导签订安全保险协议，小到饮食饮水等等均由宣教、活动干事提前研讨磋商多次才敲定，但临到活动前一周，负责协调的老师紧急联系

保护区宣教干事要求终止这项活动，原因是有家长担心影响学习，多次找校方反映，校方被迫取消了活动计划。

随着保护区的环境保护教育品牌声誉日隆，尽管越来越多的省内外学校、家庭利用寒暑假和节假日主动参与到保护区的环境保护教育活动中来，但多年前的爽约事件给保护区宣传教育负责人和他的同事们留下了一个心结：除了体验式教育外，还有什么"走出去"的方式能帮助青少年更多地了解石首的麋鹿？他们开始多次推出"走出去"课堂，选派环境教育骨干在11所周边学校组织开展讲座、校园环境教育体验等活动，"走出去"麋鹿课堂大受欢迎，但他们并不满足于这种形式的效果。

二、酝酿：绕不开的"回归"情结

尽管暂时搁置了开发地方教材的计划，但保护区在后期的活动中均以中小学生为受众主体，争取石首市教育局支持，连续推出数次面向教师和社会的环境保护教育活动教案、活动方案评选活动，为地方教材积累素材、物色撰稿者。同时，在湖北省环保宣教中心的协调推荐下，保护区先后于 2011 年、2013 年成为中日技术合作首批环境保护教育试点基地和全国中小学环境保护教育社会实践试点基地，并为此制作活动手册，手册获评全国二等奖，这些都为地方教材的开发储备了能量。

值得一提的是，在他们的酝酿成果中反复出现"麋鹿回家"这个关键词：儿童电视剧《回家》获得了十一届意大利国际儿童电影节金奖，2012 年邀请湖北电视台段晓燕老师编写《麋鹿还乡》儿童短剧，2011～2013 年推出的《麋鹿回家》专题片获得六项国际大奖。

史载"荆有云梦，麋鹿满之"，石首天鹅洲正是麋鹿的云梦故地，然而麋鹿的归去来兮却历经战火、迷途和艰辛。19 世纪末，由于战乱、洪灾及过度猎捕，麋鹿一度在中国本土绝迹，直到1898 年由英国购买并将其繁殖到 255 头，并在 1983 年将部分麋鹿送回中国。1991 年，国家环保总局、湖北省环保局、石首市人民政府将天鹅洲确定为麋鹿种群恢复的场所，于 1993 年、1994 年、2003 年分三批引进 94 头麋鹿，并实现自然放养，恢复野生习性，种群数量发展到了目前的 1000 余头，成为世界上最大的野生麋鹿种群保护区之一。

2013 年接受日本专家团考察时，保护区意外地了解到，日本的"鹿"的形象也有回归自然的意思，宫崎骏的《幽灵公主》中的鹿神就是自然的化身。而对保护区而言，麋鹿的回归不仅意味着恢复自然生态，还意味着重拾民族尊严，因此，这是双重的"回归"，意义更加重大。保护区早已勾勒出以"回归"为核心的纲目，《麋鹿回家》的命名并非偶然，而似乎是理所当然的。

三、契机:《麋鹿回家》项目的启动

2012 年 6 月,去北京参加全国自然体验师的培训的宣教干部带来了一个好消息:与会的全国野生动物保护协会宣教处处长郭立新介绍说,保护协会将策划一套《全国未成年人生态道德教育》系列教材,这是保护协会"播绿行动"的子项目,不仅可为教材的编写提供一定经费支持,而且印刷出版将由保护协会全权负责。

经过与保护协会的多番沟通和方案商讨,2013 年 12 月,保护区与保护协会正式签约,将《麋鹿回家》地方教材的开发纳入《全国未成年人生态道德教育》系列,协议说明将由保护协会出资 5 万元负责教材的印刷出版,保护区出资 10 万元负责招募编写人员、组稿统稿和后期的发行宣传和发放。

2014 年,《麋鹿回家》地方教材编写项目正式启动,70%以上的当地教师参与编写人员的竞选,70 余名环境保护教育骨干教师入围。保护区联合教育局对入围者进行再次甄选,从对麋鹿文化的兴趣、了解程度、编写能力等各方面对其进行考核,最终确定了 12 名教师作为编写人员,分别负责 1 个课时的内容编写设计。编写经历了实地考察、专家指导、集中培训、提交审议、集中讨论、反复修改等多个环节,编写全程约 4 个月。

四、未来:继续推广麋鹿文化

2014 年 10 月 9 日,《麋鹿回家》新书首发式在石首市实验小学举行,5000 册教材免费发放给全市五年级学生使用,成为石首市第一部推出的地方教材,石首市委书记丁辉为书作序。在石首市教育局的大力支持下,《麋鹿回家》全年 12 个课时系列纳入石首市的教学科目考核内容,教育部门每年组织考核评估。

《麋鹿回家》地方教材的策划推广过程使保护区的知名度和美誉度不断提升。据统计,2014 年以来,保护区共接待学生团体活动 38 场次，3400 多人，发放资料 17000 多份，开展相关活动 60 场次，活动对象涉及湖北、湖南、河南、广东、河北五个省十三个县市的中小学学生、教师和家长。

保护区负责人说："在抓好以麋鹿为主体的生物多样性保护的同时，保护区也非常重视对社会环境教育的反哺功能，上升到资源保护的同等地位。立足保护资源，推广环保文化，这正是保护区的责任和使命。"

麋鹿与中华汉字文化的渊源

麋鹿经历过不断的猎杀，其对中华文化的深远影响，因麋鹿种群数的急剧减少而几乎被人们遗忘。其实，它的潜在影响一经揭示，还是出人意料、令人惊异的。

先从麋说起，麋为什么从鹿下加米得音？"米"这个音旁有神秘弄不清楚之义，如走路失去方向，称"迷路"（"米"加"足"成"迷"）。同样，弄不清楚的事叫"谜"（"迷"旁加"言"成"谜"）。沼泽地的泥土被麋鹿踩踏成一片烂糊，就叫壤麋、麋田，所以麋发米音的根源即在上述的米义。再看"丽"（丽）字，在甲骨文里，"丽"是在"麋"的上面加两张"鹿皮"。"丽"，还保留双鹿皮斑纹的样子，丽的成双之义被丽的其他意义所掩盖，于是在"丽"旁加"人"，成"俪"，专指成双的人和物。如《仪礼·士冠礼第一》："乃礼宾。以壹献之礼。主人酬宾，束帛，俪皮。"又，《仪礼·士婚礼第二》："婚礼，纳征：玄缥，束帛，俪皮。如纳吉礼。"古代的婚娶，贺客都要送俪皮，因为俪代表夫妻成双，所以称夫妇为

优俪。只是到了后世，鹿皮不易多得，乃改用束帛，送礼用俪皮的现象也随之消亡。

　　与吉祥有关又从鹿的字，是"麛"（庆）字。"麛"在小篆里的形状是"鹿"的下面一颗"心"，"心"下是人的"足"，在甲骨文里"足"就是一个人，人的上身突出他的"心"，置于鹿皮下，意思是将鹿皮作为礼物，送给对方，表示一片心意，因而表达出喜庆和庆祝的意思。当人们沉醉在喜庆心情里的时候，恐怕没有人会想起它与麋鹿的关系了。简化字的"庆"失去了庆的构字原意，看不出与庆祝、喜庆有任何的联系了。"鹿"上加"林"为"麓"，麓有陆地义。《周礼·地官·林衡》说"麓"是"掌巡麓之禁令而平林麓之大小及所生者"，也即《说文》所指出的："麓，守山林吏也。"林和麓的区别是"竹木生平地曰林，山足曰麓"，所以麓和陆的义相同。使人感到奇怪的是甲骨文金文里常用录作麓的同义词，在"录"的旁边加"木"，和麓同音通用。在《甲骨文编》和《古文字类编》里，都将录和麓放在一起，另有"录"加"水"成"渌"，与漉同音通假。录和鹿除了同音互通外，其本身是否也与鹿有关呢？笔者觉得是有关系的。"录"在甲骨文里像一个皮囊，其上有柄，下边有几滴水，笔者推想，这个皮囊状的东西可能是鹿胎，或鹿皮制作的囊。这囊状的"录"，是一种提取染料的工具，或者过滤汁液用的工具。如把染料植物的叶子摘下来，捣烂以后，放进囊里，加以挤压，染料的汁液便向下流出来，用作染色原料，或者把带渣滓的东西放进囊里，经过过滤，可以获得洁净的液体（如清酒）。因为这囊是由鹿胎或鹿皮制成（后世改用布帛），故发音同鹿。录的字形像囊，录之为囊，可由"篗"字证明。凡是竹编的圆形器具都称篗、箩或篓，竹编的方形器具都称筐，今天方言中的箩筐、篓筐，也即篗筐。录之供过滤用，可用"漉"字证明。漉就是滤去渣滓，得到清液。前人称漉酒的布为漉囊，又称漉酒巾，后改用葛，称葛巾。晋代的陶潜（陶渊明）嗜酒，《宋书·陶潜传》说："郡将侯潜，值得酒熟，取头上葛巾漉酒，毕，还复著之。"从此有了"葛巾漉酒"的典故，历代诗人多有歌咏。如李白《戏赠郑溧阳》诗："陶令日日醉，不知五柳春。素琴本无弦，漉酒用葛巾。"漉有过漉（过滤）之义，从而又获得干涸之义。《礼记·月令第六》："仲春之月……是月也，毋竭川泽，毋漉陂池，毋焚山林。"毋漉陂池，指不要把陂池所蓄的水都漉干涸了，这里的漉和竭同从皮囊里挤出的液体，是一滴一滴流出来的，联系到用文字记录口语，也是一个一个字（音）记录下来的，于是向具体的方向发展，如古代各级官吏的工资，若是发实物的粮食，称俸禄或禄米，赐给官吏的农田，称禄田。地位越高，俸禄和禄田也越多。从具体的过漉（滤）之录，到抽象的记录之录，是思维的一次飞跃。录字加示旁成禄，《说文·示部》："禄，福也。""福"在甲骨文和金文里原是"示"旁"尊"酒，指向上天或祖宗祭祀，祈求赐给幸福。那么，禄之训福，是从鹿得义，古代以鹿为吉祥物，禄自然获得福的义。福来自上天和祖先的赐予，福的抽象成分居多，禄则是从鹿得义。

从 20 世纪下半叶开始，人类进入环保意识复苏的时期。现在回顾我们与麋鹿共处的这段历时上万年的历史，实在没有什么令人自豪之处。相反，人们应该有所反省。麋鹿并不是吃人的猛兽，它性情温和善良，但只因它的皮、肉、角的利用价值极高，而不断遭到人们的捕杀，几乎把它逼迫到灭绝的边缘，现在，人们终于意识到了这个错误。保护与拯救被人类肆意捕杀的稀有物种，已经成为世界性的共同目标和自觉行动。

麋鹿，成就了天鹅洲的美

春夏之交，我们几个老同学相邀，说要回故乡天鹅洲看看，开始我在心里对这个建议不大赞成。回故乡的次数在我的记忆难以统计，出外谋生多年，没敢忘记故乡，隔三岔五地回去过，家乡那份甜美和温馨总沉淀在心底，不敢妄加评判故乡的凝重，或是脆弱，也不敢妄议故乡的发展与进步，心的原始角落只葆有一份牵挂或一份激不起浪花的记忆。老同学的建议，我只能是雀跃式的支持，因为故乡的灵魂在盯视着我浅薄的胸怀，重回故土、叶落归根的字眼在鞭策着我去随声附和。

我的故乡有一个好听的名字——天鹅洲。这个名字是后来叫上的，离开故乡时，我记忆中家乡叫六合垸，据说是由六个小村庄组成的。出门后我也考证过家乡的演变史。三峡大坝的修建，宛如一条飘落的玉带，形成了荆江河段的"九曲回肠"。其中下游的石首市江段两岸是20世纪70年代初为摆脱长时间、无规则的崩岸，躲避一年一度的洪水侵袭，通过自然裁弯和人工疏浚所建。我们从长江的南岸移民到了地形相对稳定的江北的故道区，但从此我们就生活在了一片湿地丛中。

70年代末，挡水堤坝被建在了湿地的高海拔地区，圆形的建筑隔离了故道与家乡。当地有人说，故道像蛋壳，围堤是蛋清，其间的村落是蛋黄，所以这里被形象地称为"天鹅抱蛋"。我对家乡的印象就是这座岛，这座不足40平方公里的小岛，孤零零地立在长江故道之中。

老板同学的豪车将我们载进了故乡的边缘。三年未踏足的故乡会是一个什么样子呢？我在汽车的颠簸声里努力地回忆，试图找出一些词汇来形容，但总是那么空洞，内心感受到的温馨和甜美无法兑换出我对家乡好的说辞，因为家乡的古朴就像一块未经开垦的处女地，原始、落后、荒凉等这些词汇总会接踵而至。家乡的古朴还是保存得那么完好。车在行进中我们满眼看到的还是那些原始状的滩涂，古朴的房子，古朴的乡间小路，以及下车后迎接我们那古朴的乡间民情。乡亲们的热情让我重新找到了很多回故乡感人的记忆，同学们也很投入，一个感情丰富的老同学还流下了眼泪。和乡亲们寒暄之时，我们看到有几辆车靠近了我们，原来我们的到来惊动了地方的领导，真不知道是谁在跑风漏气，地方领导是冲着我们那个老板同学来的，所以余下的时间我们倒"反主为客"了，有人带着我们参观自己本该是最熟悉的地方。

地方领导是带着发展的眼光看待我的家乡的，我们身为乡民，谋生他乡，对家乡的发展还是忽视了很多，所以地方领导介绍的，包括我们见到的，都给了我们一个新的启发。在有序的参观活动中，我们感受到了很多新的理念，也体会到了乡亲们内心的那份自信和骚动。

地方领导首先介绍了天鹅洲所处的地理位置和概况，并展望了他们致力发展生态旅游的远景。天鹅洲位于石首市长江北部，江汉平原南缘，南与石首城区隔江相望，距荆州市约 60 公里，东距汉宜高速公路潜江后湖出口约 80 公里，距京广铁路岳阳站 85 公里，距长沙、武汉约 230 公里。天鹅洲土地肥沃，草种林木丰茂，气候温暖湿润，动植物资源极为丰富，被誉为"绿色宝库""天然动物园""自然博物馆"，已愈来愈为世人所关注。国内外专家多次深入到天鹅洲实地考察，一致认为天鹅洲具有其他风景区不可比拟的优势，是开展生态观光、度假休闲、科学考察、科普教育的重要地点。天鹅洲湿地的生物多样性在全国乃至全世界都具有非常重要的意义，加速建成全国生态旅游示范基地已经成为地方领导们近期的重点奋斗目标。

湿地是天鹅洲发展观光旅游的基础，也是人类拥有的环境资源。天鹅洲的长江故道湿地是由于洪水泛滥形成的聚集洲滩与牛轭湖相交融所产生的湿地，也称为洪泛湿地。在冲锋舟上，我们一边欣赏这故道洲滩的美丽，一边聆听着对这片土地的介绍。我突然对这里奇妙的环境产生了一种既熟悉又陌生的感觉。

拿着领导派发的宣传册，我终于明白了我的感知复杂的缘由，变化竟是我唯一的触媒。天鹅洲湿地景观的形成经历了将近 100 年的演变史，长江蜿蜒于石首境内，"九曲回肠"的特点明显。至 20 世纪 70 年代初，长江于天鹅洲河段处开始自然裁弯，30 年的演变使得天鹅洲的神韵日渐显露，一处罕见的湿地景观在不经意间形成了。天鹅洲生态湿地是长江中下游保存最完好的一块湿地。

天鹅洲拥有野生动植物 568 种（野鸟 156 种），除麋鹿、江豚（白鳍豚）外，还有天鹅、白鹭、猴面鹰、中华鲟、娃娃鱼等国家级或省级珍稀保护动物。国家先后在这里建立了白鳍豚及麋鹿两个国家级自然保护区，旅游人誉之为"生态旅游天堂"。

　　天鹅洲实际上是一座岛，四面环水。站在环岛的大堤上，能够看见整个岛被一条水带和绿带环绕，也便有了"环形蛋壳"的说法。"蛋壳"中透出的是湿地独特的清香，是芦苇荡青绿的色泽，是风吹过野生水杨树林的脆响。自然所创造出的这幅美丽画卷上有风中展翅的天鹅，有草上嬉闹的麋鹿，有水中跃起的江豚，一层一层，将不同生命的美好展现在我们眼前。

　　也许你知道陆地上的国宝——大熊猫，但是你知道水中也有国宝么？那就是有"水中大熊猫"之称的白鳍豚。它生活在长江中下游地区，和海豚一样也是哺乳动物，属于国家一级保护动物。遗憾的是，现如今白鳍豚在野外已经难得一见，似乎只活在了书本之中。据科学考证，白鳍豚的祖先本是生活在陆地上的兽类，在 5000 多万年前进入了海洋生活，随后又经历了 2000 万年的进化，它们离开海洋进入了长江。2000 多年前的秦汉时期就已经有了对白鳍豚的记载，《尔雅》一书中将白鳍豚称为"长江女神"，因此，这一物种现在也时常被冠以"活化石"的称号。1992 年，经由国务院批准，在石首天鹅洲建立了白鳍豚自然保护区，专门对这些颇有灵性的可爱生物进行保护。

　　天鹅洲的美好沁人心脾，然而这份美好的背后却有着一段沧桑。来到陈列馆，解说员为我们讲述了有关麋鹿的那段不堪回首的过往，它同时见证着中华民族的兴衰荣辱。看完麋鹿陈列馆，我们又在解说员的带领下参观了麋鹿园。车停在一片芦苇前，一下车我们就听到了芦苇丛中的如牛吼般的声响，循着声音四处寻找，我们一下子看到六七只头上长着高大犄角的麋鹿，似马、似牛、似驴、似鹿的特性很清晰地呈现在我们的眼前。解说员说："长角的是公鹿，没长角的是母鹿。每年 6—8 月份，园里的公鹿要进行一场残酷的鹿王争夺战，经过激烈的打斗，胜出的公鹿就可以组建一个 10 多头不等的繁殖群，刚才大家看到的是几头被打败的公鹿。"一个同学适时地幽默了一把："哦，原来我们看到的是一个光棍协会。"嬉笑中我们继续向芦苇深处走去，一会就看到了一片水草相融的宽阔地带，视线很好，长江故道大面积的洲滩尽收眼底，最主要的是我们在那里看到了大群的麋鹿。踏着柔软的青草，我们逐渐向麋鹿靠近。在距离约 60 米的草地上，我们驻足远望麋鹿，大部分麋鹿也发现了我们，纷纷起身，正面端视我们。此时麋鹿棕褐色毛色已经非常清晰了，特别是它们瞪得圆圆的眼睛，好像带有不欢迎和敌视的神情，我知道，是我们的到来搅扰了它们的宁静生活。解说员是一个很负责的人，立在草丛中，话筒里传出了他所讲的麋鹿历史渊源和传奇故事。"荆有云梦，犀兕麋鹿满之"，"呦呦鹿鸣，食野之苹，我有嘉宾，鼓瑟吹笙"，几千年中华民族的好客情结在麋鹿这个具有传奇身世物种身上传递着。"麋鹿兴，则国家兴"，麋鹿作为生动的爱国主义教育题材，奠定了石首麋鹿保护区的旅游特色基础。麋鹿自古被称为吉祥之物，它具有300 多万年悠久的生命史，却在近千年的时期内几度濒临灭绝。古人把能够封神榜的姜太公的坐骑指为麋鹿，绝非凭空想象，它象征着麋鹿与中华民族的悠远情结。麋鹿的形象和精神，自古源自并融入中华文化。在民间，麋鹿更是神奇之物，吉祥之物，它不仅是先民狩猎的对象，是崇拜的图腾和仪式中的重要祭品，还成为生命力旺盛（鹿角年年落而复生）的标志和福禄绵长的象征（福"禄"喜寿）。

"我们有原生态的滩涂湿地、清秀的长江故道、珍稀鸟类的天堂、野生麋鹿的乐园、濒危豚类的故乡这么丰富的旅游资源，我们相信天鹅洲的生态旅游一定会享誉海内外。"① 地方领导精辟的概括让我们这些游子对故乡有了一个崭新的认识，也让我们看到了家乡巨大的发展空间。看来，这次重返故乡，我们以一个旁观者的身份重新了解家乡，收获多多也只能意会不可言表了。

走进天鹅洲，你能够感觉到生命的力量勃发，观百鸟共舞、与麋鹿相伴、望江豚破浪；可以感受自然的秀美，蓝天、青草、湿地、长江，自然五彩斑斓。走近天鹅洲，你会感受到它那自然天成的神奇与俊美，在它丰饶旷美的生态风光中真切感受大自然的恩惠，尽情地享受、饱览这人间少有的生态奇异之境，"四不像"的麋鹿，"东方女神"白鳍豚，玲珑别致的江豚，纯洁美妙的天鹅，还有那内陆少见的一望无垠的草原风光，你会把心和情都沉沉地留在这片神奇的洪荒之中，留在这纯朴的处女地上。最终你也许会说：只有在这神奇的天鹅洲，才可以养育出这风情万种的精灵，才可以产生这令人心旷神怡的感受。

大自然对天鹅洲宠爱有加，使其同时拥有湿地、长江故道以及国宝。位于长江之滨的天鹅洲，一花一草，一条江豚，一群麋鹿，无不透出自然造物的奇妙。天鹅洲是许多人的故乡，同时也是动物们的家乡，宛如一幅画、一首歌、一个美丽的梦境。

麋鹿保护的现实问题

麋鹿的回归实际上是物种对现代生态环境的适应过程。随着

① http://hb.news.163.com/18/0517/15/DI15RNPQ04088MD8.html

第五部分　荆楚链接·麋鹿

社会经济的发展，人民的生活水平和生活方式有了很大的转变和提高，在建设发展的过程中无法避免地会对脆弱的湿地生态产生影响，而麋鹿的回归也是实现人与自然长期和谐的探索过程。在石首范围内，不仅仅是麋鹿，还包括白鳍豚、江豚等其他保护物种，它们的生存环境与状态也在被人类社会的发展所影响，人与自然面临着许多新的矛盾与挑战。湿地退化，"国宝"意识淡化，鹿与人类争地等问题和矛盾显得更为突出。为了全面准确掌握石首麋鹿的生存现状，找出制约麋鹿生存的原因，改善麋鹿等"国宝"的生存环境，本着调查实际、反映真实、解决问题的原则，自2021年3月1日开始，石首市委、市政府组织本市林业、畜牧、卫生、公安及野生动物保护等部门和石首麋鹿保护区一道进行了一次石首麋鹿种群现状调查。调查旨在根据实际制定新情况下的麋鹿保护措施，并重点探讨采取工程措施、生态措施和管理措施相结合的治理方式来解决麋鹿的生存问题。

一、麋鹿种群现状概况

石首范围内麋鹿分布很广，全市除保护区外所有沿江滩涂湿地基本都有麋鹿活动的身影。随着农耕生产和芦苇生长管理的精细程度纵深化，麋鹿向附近县市如华容、岳阳、监利、洪湖、公安、江陵等地扩散的情况也越来越明显，根据麋鹿的活动区域分块，调查过程中我们将麋鹿生存区域分成三大块，即核心区、缓冲区和野外活动区，三个区域内麋鹿的生存状况各有不同，存在问题各有特点。

1. 核心区

核心区即为保护区27公里围栏范围。核心区面积约1.5万亩，地理坐标为东经112°33′，北纬29°49′。麋鹿种群数量从1991年引进的64头，曾经发展至800余头，后遭遇1998年特大洪灾、2008

年特大雪灾及 2009 年疫病侵袭，现保留数量为 360 头。核心区内动植物种类较多，生物多样性特征明显，但植树造林和农业开发致使植被旱化现象严重，加上故道水位调控失衡和渔民捕捞引发的次生问题较多。

2. 缓冲区

缓冲区即为保护区核心区周边滩涂湿地。规划面积约 8000 亩，受故道限制，缓冲区实有面积（含天鹅洲故道洲滩、长江边滩及大垸镇、芦苇局部分林地面积）约为 2 万余亩。据调查，麋鹿多数在洲滩林地生活，对部分洲滩开发地上的农作物有不明显的损害。因为种群数量少，洲滩植被丰富，缓冲区麋鹿生存状态较好。据调查，因为故道洲滩管理无序，人为活动逐年加剧，护林、鱼塘开发、耕种等活动的持续推进，麋鹿的生存空间也在逐渐变小。

3. 野外麋鹿区

保护区成立之初，未建围栏等配套设施，少数麋鹿为躲避人为侵扰，寻找新的生存点而逃至杨波坦（石首小河镇与监利流港交界处）芦苇滩，多年后形成了一个独立的野外种群。另外，1998年洪灾过后，部分麋鹿在惊慌中逃出保护区，并游过长江到达保护区隔江相望的三合垸，十多载寒暑交替，三合垸麋鹿种群由当初的20多头增至几百头，一部分还迁徙到达了湖南洞庭湖、华容县等地。野外麋鹿迁移是意料之外的麋鹿种群的发展，它们虽然相对核心区麋鹿增长率及迁徙觅食的本能有所提高，交配繁殖、性成熟周期有所提前，但面临的问题仍旧很多，其野外生存状态因人为活动干扰，周边混合生存的牲畜较多，许多新的问题也在不断地威胁麋鹿的生存。

二、存在的主要问题

1. 湿地功能退化严重

湿地退化的现象重点表现在保护区核心区内。多年以来，天鹅洲湿地因人工围堤、水位调控失衡、林业无序种植等各方面的因素影响，故道水体富营养化程度加剧，水体生物群落向耐污染种类过渡，湿地载水期过长，许多麋鹿的喜食植物被淹，植物根、茎、叶在长时间浸泡下腐烂，致使部分水体污染严重，直接威胁麋鹿的生存。其次，湿地生态系统退化，生物多样性降低，以及林业种植使湿地植被被大面积旱化植物代替。根据调查对比，保护区内湿地植被1998年调查麋鹿喜食植物有70余种，2008年调查反映仅剩27种，10年减少达63％，由此可以看到湿地退化的严重性。另外，野外麋鹿的生存环境也因湿地退化现象严重，出现了四处扩散，不断造成农损等问题，引发了诸多社会矛盾。

2."国宝"意识有所淡化

麋鹿作为国家一级保护动物应受全民的保护，加上麋鹿的传奇身世，麋鹿从北京迁移到石首以后，就引起了周边社区群众的高度关注，群众参与保护、自发保护的积极性很高。但是，随着时间的推移，以及麋鹿种群数量的增加，麋鹿的珍稀程度在人们心中逐渐淡化，自觉的保护行为甚至演变成了伤害，发展至食其肉、违法猎取其附属品等，"国宝"意识和道德约束力在经济利益面前变得面目全非，从自觉保护到熟视无睹，再到违法猎取，此间变化惊人，也暴露了保护宣传滞后于社会现实的问题。

3．防疫功能基本缺失

野生动物的防疫工作对保护区来说是一个盲区，直接的防疫工作难度较大，间接的防疫措施在推进实施的过程中也遇到了很多困难。目前，作为主体实施保护工作的保护区，采取的防疫措施主要有对麋鹿生存环境的监控与预防，诸如水体消毒、诱导饮食、减少其他牲畜传播疾病等。2009年麋鹿突发染疫死亡现象，经专家检测与周边牲畜传播疾病有很大关系，特别是有些家畜养殖大户，在牲畜得病后，不是积极向防疫部门反映、报告，而是自行处理，将病牛、马、羊等带病处理，或贱卖，或自行宰杀出售，基本上传播源都未按要求进行处理而给麋鹿疫病传播创造了条件。另外，野外的麋鹿与家畜混合生存，也构成了麋鹿的生存危机。一般的家畜都采取了防疫措施，得病了可以及时救治，而麋鹿的防疫却缺少这种条件，一旦发病，只能自生自灭。

4．麋鹿农损矛盾突出

保护区核心区自建起27公里围栏后，基本上杜绝了麋鹿损害农作物一事，但野外麋鹿给周边群众带来的危害已经成为地方政府的一个主要负担，群众的信访量较大。每年丰水期大部分长江洲滩被淹，麋鹿生存困难，只能向周边农田觅食，因此造成的农损较重。2010 年 7 月，杨波坦芦苇地被洪水淹没，13 头麋鹿逃向监利流港农场，在农民的驱赶之下，麋鹿几乎侵扰了流港农场的所有分场。据初步调查，与杨波坦相邻的黄英分场 8000 多亩的农田就遭遇了不同程度的损害，石首市的调关、东升等镇和湖南华容县的几个乡镇农民不断上访，要求赔偿农田损失，社会矛盾因麋鹿或频发或激化。

5. 麋鹿附属品交易泛滥

麋鹿的离奇身世直接导致麋鹿附属品的贵重，其经济价值也在少数人的操纵下不断攀升。因此，麋鹿角、骨、肉成了当前交易的主要鹿制品。目前，石首境内还没有发现宰杀麋鹿的报道，但驱赶麋鹿、将非正常死亡麋鹿拿出去进行交易的现象时有发生，许多餐馆已经出现经营麋鹿肉的现象，麋鹿角的经营在地下交易过程中价格更是不断攀升。我们预测，受经济利益的驱动，野外麋鹿的杀身之祸或不久矣，麋鹿的生存危机不断攀升。

6. 水位调控失衡让麋鹿失去栖息地

与麋鹿保护区相邻的长江淡水豚类保护区依托长江故道而建，两个保护区一衣带水，因水位涨落而产生的共管面积近 3000 余亩。目前，天鹅洲长江故道水位全部由江北大堤的天鹅洲节制闸调控，每到长江丰水期，节制闸开启，长江水流入故道，故道也随之进入丰水期。一年一度的丰水淹渍，本来对麋鹿保护区湿地是一件好事，但是由于故道水面承包，养殖户在故道出口狭窄处私设拦水坝，将丰水期无限期延长，致使麋鹿保护区大面积植被长时间在水里浸泡，许多植物的根、茎、叶腐烂变质，造成了大面积的水体污染，择水而栖的麋鹿饮水安全受到了极大的威胁。

7. 噪声污染打破保护区的宁静

保护区所在区域因交通条件的改善、工矿企业的新建而变得车水马龙，热闹非凡，生态的空间模式已变得面目全非，只有马

中华麋鹿故事

达声、汽笛声和沉闷的载重车的碾压声；大车、小车、载重车、货车、摩托车，把保护区带进了一片喧嚣的空间，鸟语声、轻风拂过苇地的沙沙声在喧嚣中被淹没，空间环境已变得污浊，噪声已成为湿地的主要声响，噪声污染已经形成，麋鹿的胆怯和温顺在噪声面前变得无所适从。

三、建议及对策

给麋鹿营造一个良好的生态空间，还保护区原始的湿地风貌是每个石首有识之士的美好意愿；依托对麋鹿等稀有物种的保护把石首建设成为生态石首、文明石首则是每个石首人的美好祝愿；发挥全民联动性保护力量，从宏观和微观两个层面着手，采取先易后难、先近后远的策略，逐步推进，真正把石首建成生态和谐、具有良性发展潜能的石首，这是保护区和石首各界共同努力的方向。因此我们说，保护麋鹿，就是在保护石首的生境。

1. 治理湿地，加强管理，改善麋鹿的生存环境

湿地的治理是改善麋鹿生态环境的主要措施。其主要治理措施应该从以下三个方面展开：一是尽力控制湿地面积逐年减少的趋势。因为湿地面积减少，从大的方面来说是长江调蓄能力的减弱，从小的方面说也是麋鹿的生存空间在逐步减少。二是调整湿地的利用模式，建议以单一的芦苇种植为主，尽量减少林木的种植覆盖率，杜绝在湿地范围内开发种植农副产品。三是采取措施有效控制湿地的人为调控几率，恢复湿地范围内水位自然涨落的概率，对不顾自然规律，自行调控水位的行为进行坚决制止。

2. 充分宣传，加强沟通，营造麋鹿的保护氛围

为使麋鹿保护形成共识，加强宣传教育是必不可少的。具体措施同样有三：一是要采取多种形式普及生态知识，宣传湿地功能及保护麋鹿的重要意义，宣传湿地生态、麋鹿保护与当地农民

生存和社会发展的关系及保护湿地资源的重大作用，提高农民的湿地及麋鹿保护的意识。对周边社区进行生境保护、麋鹿保护方面的知识宣传，动员号召周边群众参与保护，逐步发展出自觉保护意识。二是加强沟通、协商，制定切实可行的土地利用方式和生态补偿政策，确保农民收入有保障，减少麋鹿农损所带来的社会影响，消除抵触情绪。三是组织多种形式的宣教模式，把宣传的触角延伸到社区、学校和工矿企业，利用文字、图片、广告牌、标语进行户外宣传，启动平面、立体宣传模式，全方面地进行宣传。

3. 肃查市场，加强监管，杜绝麋鹿附属品交易

一是从源头上进行监管，保护区要加强核心区麋鹿死亡后期管理，实行登记造册，详细掌握麋鹿死亡后具体处置及去向情况，建议野外麋鹿的附属品由野保部门加强管理，分阶段、分区域做好宣传，对出现的违法交易行为及时进行处理。二是实施联动联防机制，强化监管效果，设立举报信箱，建立联防责任体系，对出现的危害麋鹿、交易附属品的行为进行快速有效处理。

4. 预防当先，强化责任，确保麋鹿疫病控防效果

麋鹿疫病除自身的环境影响外，与其接触较为紧密的家畜疫病防控息息相关。建议有三：一是要建立鹿畜防疫联动体系，实行联动预报、预警制，互通有无，定时通报信息，使麋鹿防疫真正与地方牲畜防疫建立在一个互联平台上。二是及时清退缓冲区的牲畜，建立长效机制，严控牲畜养殖在保护区核心区、缓冲区肆延。三是尽快成立与防疫管理相适应的管理机构，把麋鹿疾病防控管理列入地方政府的日常管理范围，并采取行之有效的措施实施管理。

5. 协调矛盾，采取措施，切实改善保护区周边环境

从整体来看，麋鹿保护区周边的环境正在不断恶化。建议如

下：一是由市政府牵头，协调周边乡镇加强管理，解决好交通条件改善后所产生的噪声污染和保护区境内人、车流量过大等问题。二是协调两个保护区、天鹅洲闸主管单位、长江故道水面承包主、长江故道的部分洲滩开发主因水位调控产生的矛盾，采取积极措施，杜绝水位调控失衡，确保麋鹿保护区湿地水位自然均衡涨落。三是加强保护区周边的治安管理，成立由公安、野保、畜牧等部门组成的联防机构，组建野保执法队，对出现的问题和违法违规行为进行及时查处。

6. 关注民生，完善机制，确保麋鹿农损得到合理解决

麋鹿破坏农作物是一个很典型的矛盾，保护区和地方政府面对麋鹿农损问题显得无能为力。建议如下：一是加强宣传，组织好农田管理，动员农民积极采取措施进行防护，并宣传在湿地范围内开发种植要注意特别防护。二是建立生态补偿机制，要向上申报反映存在的问题，并争取立项解决补偿经费不足的问题，建议组建一个生态补偿基金会，向社会募集资金。三是野保部门和保护区要采取措施加强监管，及时互通信息，做好科学宣传，预防麋鹿造成农损破坏。

"四不像"回"娘家"

时光荏苒，斗转星移，时间推移到 1982 年的 11 月，时任国务院副总理并主管国家环境保护工作的李鹏率团出访英国。随行的国家环境保护局局长曲格平应贝德福德家族的后裔、现乌邦寺园主塔维斯托克侯爵的邀请，到乌邦寺庄园做客。曲格平在主人的

陪同下，参观了园主精心豢养的麋鹿群。塔维斯托克向曲格平介绍说这里的"四不像"原是来自中国。1956年和1973年，他两次共赠送了4对麋鹿回中国，据说在北京动物园里发展不快，如能恢复野生，可能会得到很大发展。曲格平代表李鹏副总理风趣地表达了中国政府的意愿：中国政府要把"四不像"接回"娘家"恢复野生，使这个濒临灭绝的物种在中国大地上重新恢复起来。塔维斯托克侯爵当即表示愿意赠送一定数量的"四不像"给中国，以完成这一番了不起的事业。

经过中英专家考察、论证，决定将首批麋鹿落籍北京南海子。南海子位于北京大兴县境内，原为皇家猎苑遗址，所用土地属于南郊农场，面积千余亩，处于半荒芜状况。新建的北京南海子麋鹿苑按原皇家猎苑恢复原貌：疏通河渠，排除工业污水和生活污水；抽干湖水，清理湖泊中的淤泥，净化环境；清除苗圃基地，培育适宜麋鹿食用的野草；建设长约3700米、高2.5米的围墙。1985年8月24日，22头麋鹿跨越半个地球，回到故国，其中20头落籍北京南海子麋鹿鹿苑，另两头落户上海动物园。

同年11月15日，李鹏接见了来华访问的塔维斯托克侯爵，详细询问了麋鹿的生活习性、繁殖能力和所需的自然环境等，并代表中国人民感谢塔维斯托克侯爵及其先辈为保护中国物种所做出的贡献。

这次会晤，中英双方签署了麋鹿重引进协议。"重引进"属于物种引进的一种方式，其特定的含义是指引进本地原有物种恢复原生（野生）状态。非本地原有物种不具有重引进资格，不能恢复原生状态也不算完全意义上的重引进。北京南海子麋鹿苑被确定为中英合作麋鹿重引进的第一阶段。这一阶段的任务是建立中国麋鹿园林种群，为麋鹿恢复野生奠定基础。

乌邦寺麋鹿回归故国，在南海子原生地显现出良好的发展势头。1987 年 3 月下旬，第一头北京南海子麋鹿降生，不久又有 9 头小鹿相继出生。根据中英协议，当年 9 月 8 日又从乌邦寺引进第二批 18 头麋鹿，为种群发展提供了较为充足的种源。1988 年，北京南海子麋鹿达 53 头，1989 年增至 74 头，1990 年突破百头，达到 102 头。北京南海子麋鹿是园林种群，受条件和环境的限制，在"寸土如金"的北京很难有大的发展，要想达到恢复野生的目标，还有很长的路要走。

"海陵县多麋。"大家不约而同把目光投向江苏。1986 年，江苏省人民政府按照国家林业部的计划，批准建立大丰省级自然保护区，保护区有林地 5000 亩，是较为理想的麋鹿放养场地。当年，国家林业部与世界自然基金会组织合作，又从英国引进 39 头麋鹿，放养在大丰 5000 亩林区，正式建立大丰麋鹿保护区。北京南海子和江苏大丰县曾经都有野生麋鹿的分布，无疑为麋鹿的原生地区。由于时空的变化，受地理、气候以及生存空间的影响，两地回归的麋鹿都需要补饲越冬，这构成麋鹿恢复野生的最大障碍。

继北京南海子园林麋鹿种群和江苏大丰半放养麋鹿种群建立之后，如何解决麋鹿自然越冬的问题便提上了议事日程。为了达到麋鹿恢复野生的既定目标，中国政府决定重新选址，建立麋鹿自然保护区。

"荆有云梦，犀兕麋鹿满之。"中英专家一齐把目光投向素有"千湖之省"美称的湖北。石首位于湖北江汉平原南部，与湖南洞庭湖平原接壤，属亚热带季风气候。石首气候温暖，光照充足，雨量充沛，九曲荆江横贯全境，将 1472 平方千米的市域面积分成南北两片。境内河流纵横，湖泊星罗棋布，水域面积占 41.8%，众多湖泊和沿江洲滩及 3 个长江故道，形成 10 万亩水域，10 万亩洲滩，10 万亩草场，10 万亩芦苇，10 万亩林区的自然格局，其开发利用前景极为可观。

1987 年，国家环境保护局、北京麋鹿生态实验中心、湖北省环境保护局等单位领导和中英专家组专家先后几次来石首天鹅洲考察。大家一致认为，长江故道石首天鹅洲自然环境优越，地域辽阔，水丰草茂，四面环水，便于野生动物放养，是麋鹿恢复野生的理想地址。

1989 年 5 月，国家濒危物种科学委员会负责人和中英麋鹿重引进专家组专家聚会北京，论证了石首天鹅洲的土壤状况、植被状况、水文地质、血吸虫病以及社会人文状况。大家一致认为：2.3 万亩的石首天鹅洲是建设湿地野生麋鹿自然保护区的理想场所，且具有进一步发展湿地生物多样性和开展国际合作的潜力。

1991 年 10 月 10 日，正式建立石首市天鹅洲湿地麋鹿自然保护区管理处，配事业编制 15 人。1998 年 8 月，经国务院批准，石首天鹅洲湿地麋鹿自然保护区晋升为国家级自然保护区。2000 年 7 月，保护区更名为石首麋鹿国家级自然保护区。

1991 年 11 月，湖北省人民政府批准石首天鹅洲故道 2.3 万亩芦苇沼泽地为湿地麋鹿自然保护区。

1992 年 3 月，国家环境保护局和湖北省石首市共同投资 240 万元，开始筹建石首天鹅洲湿地麋鹿自然保护区的首期工程。

1993 年 10 月 30 日，首批 30 头南海子麋鹿运抵武汉。在武昌洪山礼堂，时任北京市人大常委会主任张健民、湖北省省长贾志杰、石首市市长夏述云分别代表北京市、湖北省、石首市人民政府参加了麋鹿赠送交接仪式。第二天，30 头麋鹿安全投放到石首天鹅洲湿地麋鹿保护区的圈养地作适应性圈养。

1994 年 12 月 31 日，第二批 34 头南海子麋鹿运抵石首天鹅洲湿地麋鹿保护区，它们在 15 亩圈养地作短期适应性圈养后，将与首批 30 头麋鹿同时进入自然保护区进行小范围内的野生试养。

探访麋鹿王国里的"新郎"

　　一直有这样的疑问，麋鹿王国里"新郎"是个什么样子？鹿王是否有"婚饰"这些行为？眼下有一个很好的机会，我们在保护区领导的陪同下，探访了麋鹿的领地，深入到了麋鹿最喜欢出没的地方——保护区柳林地。离得还有点远，柳林里就不断传来鹿的吼声。正想着这些吼叫声的来源时，那边的鹿王也突然吼叫起来，飞速奔跑。我们这才看到，站在水里的那两只雄鹿，有一只已悄悄地接近鹿群。在它的前面，一只母鹿已潜入水中，只将头部露在水面。

　　鹿王跳到水中，雄鹿迎了上去，但只一个回合，砰然顶撞声刚落，雄鹿已掉头就跑。鹿王穷追不舍，直将那两头雄鹿追进了柳林。柳林也立即响起鹿王的吼叫和向它们追击的水溅声。两头雄鹿只得斜着往水里跑，一脚踏空，没入水中，慌忙游向远处。原来这里已经形成了一个暂时的麋鹿王国，国王正在捍卫自己的领地，保护自己的子民。这一切，给我们留下了强烈的印象，鹿王对圈定的领地的疆界非常清楚，侵略者不可越雷池一步。

　　天色已经不早，我们请船工将船调头，再去看东边的一群。小船在江上轻快地行驶，鱼在水面腾跳的声音从右舷不时响起，保护区工作人员示意要我看江边矮埂上的一头鹿。那是一头雄鹿，正在泥沼里滚动。我小时放过牛，牛喜欢在水里打滚，特别是在天热时，那是为了解暑，清除身上的寄生虫。那么麋鹿是为了什么？

　　随着船的靠近，它站起来了，浑身是湿淋淋的黑色腐殖土泥巴。它向岸上走去，到了草地，低头用角挑草，几次都不成功，它却执着地重复着动作，终于将草挑起，挂到角上。摆了摆头，像是在测试什么。大约是分量不够，于是又低头用角挑草，再摆摇，直到满意为止。记得初见公鹿这副模样时，我奇怪它为什么是黑色的，现在才明白，原来是发情后的一种行为。海南的坡鹿也具有类似行为，"新郎"喜爱在烂泥塘里滚。动物学家说，这是"婚饰"。因为黑色标志着庄严、伟岸，角上挂满青草、芦苇，是要显得角大，角是它的第二性征。角大表明了它的强壮伟大，足以吸引母鹿的注意。

江边散落着几头雄鹿，从它们黑乎乎的身子，又角上挂着青草看，这些都是争王的失败者。它们很少喝水、吃草，只是听命于体内那种骚动，忍受着失败的屈辱和难以平息的骚动的煎熬。实在想不明白：为何经历一次失败之后，便不与鹿王再战呢？是种本能，还是受生命密码的制约？工作人员说，江北的 4 群，约 200只，最少有三四十只成年公鹿，但每年只能产生 4 只鹿王。众多的雄鹿，一生都没有当上鹿王的机会，都成了"陪练"。有的雄鹿，在参加一次或两次鹿王争夺战后，就永远退出了角斗的舞台。但如果没有雄鹿们的角斗，鹿王如何产生？鹿王的产生，存在的必要，是因为大自然的法则：优胜劣汰。只有如此，才能保持种群的强大。种群强大了，种群中有着它的基因，也就是自己生命的延续。

人退鹿进八千亩

麋鹿种群的发展同时受多种因素影响，这些因素之间又存在着相互作用，因此必须同时做多个方面的工作，才能确保麋鹿种群的

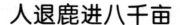

健康发展。目前，麋鹿种群的发展主要受到以下几个方面的威胁：

麋鹿性好合群，善游泳，喜欢在温暖潮湿的沼泽地生活。受全球气候变化和长江水位变化影响，以及麋鹿自身采食、践踏的生活习性影响，靠长江一侧原有的湿地植物群落逐渐被旱生植物群落取代。麋鹿主要以含水量较高的幼嫩植物为食，而旱生植被的适口性差，利用率低。旱生植物群落面积的扩大使得原有的麋鹿栖息区域失去了应有的功能，进一步压缩了麋鹿的生存空间，降低了整个保护区的麋鹿承载量，导致种群密度制约效应的发生，影响了整个麋鹿种群的发展。缓冲区内的湿地被垦荒种植意杨，进一步加剧了湿地生境的旱化。

目前，核心区麋鹿种群数量为 500 余头，已接近核心区 600 头承载量极限。核心区内麋鹿种群过大，一方面导致麋鹿交配场集中分布，雄性之间为争夺交配权的争斗和对雌性个体的追逐加剧，造成麋鹿的伤亡时有发生。例如，仅 2014 年交配期（4—7 月），雄性个体之间的争斗就造成 7 头麋鹿死亡，占全年死亡数量的35％。另一方面，现在极端气候变化导致灾害性天气频发情况下，种群密度过大极易诱发疫病。如 2010 年保护区发生了疫病导致核心区麋鹿大量集中死亡事件，死亡个体达到当年麋鹿种群数量的50％以上，当时专家组就已经指出了保护区承载量不足的问题。

虽然石首麋鹿保护区水资源丰富，但是由于每年汛期水位下降，部分沟渠常年无水，失去了原有的功能，造成部分区域适宜性下降，旱生植被数量增加，湿地群落退化。各个水渠之间没有相互连通，水循环不畅，形成"死水"水渠和水塘。水体内腐殖质增加，水质变差，加速了各种细菌的大量滋生，又对麋鹿的健康产生不利的影响。例如，2010 年春季麋鹿种群内疾病的大爆发，就是由于水体内细菌大量滋生造成的。归根结底，都是因为人类活动侵占了麋鹿的适宜生境，导致麋鹿被限制在一个狭小的空间，

第五部分 荆楚链接·麋鹿

进而引发上述问题的出现。尤其令人担心的是，即使是在面积如保护区这般狭小的空间内，麋鹿还无法在缓冲区内活动，进而加剧了麋鹿种群的不利局面。

种种原因的累积，在石首的决策者群里形成了一个共识——人给鹿让地！人给鹿让地，一让8000亩。2017年石首市启动了保护区缓冲区土地征收划拨协调工作，当地人民做出的巨大让步正成为湖北省实施"长江大保护"的一段佳话。

10年前，石首人就给麋鹿让过一次地。1991年，经省政府批准，石首在长江与长江天鹅洲故道的夹角处成立麋鹿自然保护区，1993年、1994年分两批从北京麋鹿苑引进麋鹿64头。如今，麋鹿种群自然繁殖达到上千头，实现了自然放养的目标。

随着麋鹿种群扩大，保护区现有面积承载量形成高压态势，当时2000亩滩涂已不够用，"人鹿争地"矛盾日益突出——麋鹿时常破坏庄稼，影响农业生产，农民颇有怨言。2007年通过省政府协调，麋鹿保护区拿到了具有土地使用证的15000亩土地。之后10年，人鹿两安。

10年来，麋鹿种群继续扩大。生态文明建设成为国家的基本国策，国家对保护区的监管更加完善。"绿盾"行动、保护区专项检查接连不断，根据当时申报保护区时确定的规划面积，需解决保护区缓冲区8000亩土地势在必行。

"保护麋鹿就是保护生态，是长江大保护的重大行动。"从省到县，各级政府积极作为、主动担当。

2017年10月31日，省政府召开专题会议，决定给石首麋鹿国家级自然保护区增加8000亩缓冲区。省直相关部门立即行动起来，省国土厅、农业厅、林业厅、环保厅分别派人实地调查摸底。石首市政府多次召开协调会，研究制定缓冲区土地征收划拨方案。石首天鹅洲开发区成立工作专班，与土地权属相关单位、农民、私人承包主协商，争取早日达成补偿协议。

农民支持保护区扩容，但也担忧。"到底是人重要，还是鹿重要？""保护要有限度，鹿无限增加，人不能无限退让。""保护麋鹿很重要，但不能因此而降低农民生活水平。"

新增的8000亩缓冲区，包括2300亩农田、5000亩林地、700亩鱼池，涉及700户3300人。农民虽不搬迁，但"养命田"没有了，还能待下去吗？

农民出行受到影响。根据原规划面积，保护区缓冲区要封闭1.5公里道路，这是三面环水的六合垸3个村7000多人唯一出行通道，道路封闭后，需要绕道21.4公里才能上潜石高速。

地方政府投入巨大。初步测算，如果8000亩采取一次性补偿，需要3亿元；如果租赁，第一年就需要5500万元。

保护与发展的矛盾如何抉择？地方政府态度非常明确，坚定

不移实施"长江大保护"政策。周边群众一致看法是："天鹅洲生态资源这么好，又有麋鹿和江豚两个'国宝'，可以发展生态旅游。""忍痛割爱"只是暂时的选择，两个"国宝"效应在不久的将来会带动地方的发展，周边社区发展指日可待。

为此石首市委、市政府早在两年前就开始谋划，要给牺牲土地的农民一个交代。石首市与鄂旅投签订旅游合作开发协议就是一个激动人心的讯息！依托麋鹿、江豚保护区两个稀有资源，共同开发生态旅游，双方计划将天鹅洲建成长江生态文明建设的样本。

我们和麋鹿有个约会

《诗经》有云："呦呦鹿鸣，食野之苹。"这闲适的一幕在 2015 年被专程来访的英国乌邦寺贝德福德十五世公爵在湖北石首天鹅洲麋鹿保护区内所看到。这一年，首届麋鹿国际研讨会在石首召开，提前到来的公爵以及湖北省环保厅的相关领导在保护区的安

排下视察了麋鹿目前的保护现状，参观了新建基础设施和建工设备，听取了关于保护区的专题汇报，同时还参加了当地有关麋鹿保护的宣传教育活动。

公爵的父亲在 1985 年的时候，将圈养在自家庄园内的 22 头麋鹿送还中国，令这一度在华夏绝迹的物种得以重回故土。如今，距离麋鹿回归已过去 30 多年，中国繁殖的麋鹿数量占据了世界总量的 80％左右，其中，石首保护区恢复了世界上最大的野生麋鹿群。

麋鹿的回归具有重要意义，种群的恢复对当地生物多样性以及生态系统的稳定具有重要作用。江苏大丰麋鹿保护区研究员丁玉华在麋鹿保护研究工作的一线奋斗多年，他评价石首麋鹿种群的恢复不仅仅存在生态效应，同时更多的是能带来社会效应，为子孙后代留下宝贵财富。北京、江苏和湖北作为麋鹿保护研究的三大重镇，为世界挽救濒危动物作出了榜样。

早在 2011 年，包括内德特家族在内的英国专家便为石首保护区制订了为期 15 年的总体规划方案，希望将石首打造成生物多样性保护的典型示范区域。如今，保护区内又包含了英方专家设计的面积超过两公顷的，集生态保护、科学研究、观光游览于一体的建筑群，对麋鹿的活动也有 24 小时的远距离高清监控。作为英方专家组组长的博依德夫人，在过去的 30 多年中走遍了中国的三大麋鹿保护基地。

再次回到 2015 年贝德福德公爵的那次访问。公爵一行受邀前往保护区生态道德友好共建学校参观，并与师生亲切互动，为孩子们送去来自英国的礼物。公爵肯定并赞扬了学校组织开展的麋鹿保护教育的相关活动，并表示从小树立热爱自然、保护动物、爱护环境的生态价值观与道德观十分重要，希望能将生态环境保护教育与学习相结合，通过一代又一代的传承，共同创造人与自然和谐美好的生活。

麋鹿，湿地生态的最佳注脚

2018年4月28日，正在洞庭湖地区考察的习近平总书记饶有兴致地询问："麋鹿是从哪里来的？现在有多少头？它们在这里有天敌吗？繁殖得快吗？"

"麋鹿是1998年发洪水时从湖北石首泗水而来，由于洞庭湖地区生态环境越来越好，水草丰茂，没有天敌，它们在这里自然繁

衍得很好，现在有四五个种群，共计180多头。"

麋鹿"归去来兮"，正是洞庭湖保护区湿地生态越来越好的最佳注脚。

几十公里外的湖南华容县内，通过卫星定位跟踪确定的一个麋鹿种群生活区，一架无人机正在高空利用摄像机悄无声息地寻觅它们的踪迹。拍摄画面传到了小木屋，只见芦苇萋萋，未见麋鹿灵动。习近平总书记询问："可不可以再拉近一点？"

在保护区工作人员操作下，几经寻找，终于发现了两头正在喝水的麋鹿。看着监控画面，习近平总书记称赞道："这麋鹿长得挺壮、挺漂亮的。水也比较清，还能看到倒影。"

总书记的话，既是表扬，更是鞭策。

湖北石首天鹅洲作为长江中游地区最大的候鸟越冬地和全球麋鹿野化程度最高的保护地，具有国际示范与交流意义。石首麋鹿保护区自成立以来，深感肩负的责任重大，麋鹿种群恢复和湿地生境的保护成为保护区坚守的责任主体。

习近平总书记视察长江，为我们留下太多的期许和要求。习近平总书记对江豚、候鸟、麋鹿等动物的保护工作如此重视，作为一名保护工作者，我们更要日夜坚守、不怕牺牲，保护好这些"国宝"。我们相信，不久的将来，麋鹿将会成为湖北乃至中国新的生态名片，吸引全世界的人都来长江观江豚、看麋鹿。

我们不会满足于过去所取得的一点成绩，一定要按照习近平总书记的重要指示要求，特别是正确把握生态环境保护和经济发展的关系，继续坚定践行"绿水青山就是金山银山"的理念，以更高的标准、在更大的范围内推进自然保护区的综合整治，提升生态质量，让湿地更好地发挥净水、调蓄、养鸟、丰富生物多样性基因库等生态功能，为推动长江经济带高质量发展打好坚实的基础。

石首麋鹿创造的世界之最
——源于一件坚持 20 年的事

春日里的荆楚大地，万物复苏，一派生机勃勃的景象。石首麋鹿国家级自然保护区内，绿意盎然，波光粼粼的水边成群的麋鹿正嬉戏着。这一派美好的景色来之不易，源于一件坚持了 20 年的事情——湿地生态大修复。

1991 年，石首麋鹿自然保护区被批准建立在石首市天鹅洲长江故道。刚刚建立的保护区，生态环境受长江流域的水文地质、气候条件影响很大，也因此对湿地生态系统产生了较大影响，导致麋鹿食物的短缺，种群数量增长缓慢。

为了更好地保护麋鹿，改变保护区内生态环境现状，区内工作人员采取了一系列生态恢复措施。例如，人工恢复草场，多种植麋鹿喜欢的紫云英、益母草等植物；修缮内部道路，同时将其对自然的影响降至最低；将农田、荒地改造成湿地泥泞区；完善水网系统；等等。

1998 年，保护区升级成了国家级自然保护区。在大家的共同努力下，保护区内水源供给充足、食物来源丰富，区内动植物种类与数量都有大幅增长，麋鹿和湿地鸟类的生存条件持续改善。

现如今，经过保护区 20 多年的生态修复努力，石首市天鹅洲已然成为了麋鹿的天堂、珍稀鸟类的乐园。

难以直视的回望

麋鹿独特的身体构造源自其独特的生活环境。麋鹿自古生活在黄河、长江中下游一带，沼泽遍布，水草丰美。独特的生活环境，在这一物种身上打下了独特的烙印。

为了查明麋鹿的主要天敌是谁，大丰麋鹿自然保护区的专家们把狗、狼和狮子、老虎叫声的录音带到保护区里，在麋鹿群不远处播放，观察鹿群的反应。

这样的试验方式，也许是来自我们人类自身的体验。远古的人类生活在蛮荒之中，到处是蛇虫猛兽，人们深受其害、苦不堪言，以至人们相互串门，进门前问的第一句话就是"有长虫（古人把蛇称为长虫）吗？"就像我们小时候见面的问候语"吃饭了吗？"一样。在物质贫乏的年代，吃饭问题是人们最关心的问题，而在我们祖先的远古时代，避免毒蛇的伤害远甚温饱，时间长了，连"长虫"也不说了，直接问"有它吗？"大家都知道"它"是指"蛇"。

文字发明后，人们就直接用"虫"字加一个"它"来指代"蛇"。由此可见蛇在我们人类的心目中留下了多少恐惧。虽然现在人类已远离毒蛇横行的时代很久，但对蛇仍是敬而远之。大多数人，虽然自己甚至自己的家族已几代人都未被蛇类伤害过，但见到蛇，哪怕是很小的、无毒的蛇，也会本能地毛孔倒竖。人类对蛇的恐惧已刻进了种族的基因里了。

麋鹿对它的天敌还有这份记忆吗？

研究人员首先放的是狗的叫声，放了几遍，鹿群几乎没有任何反应，唯有几只鹿警惕性地抬起头来张望了一下，又就餐如故，吃草如常；接着放狼的叫声，鹿群里仿佛一阵风吹过，少数鹿循声看了几眼，并未发现现实威胁，又放心在低头吃草；然后放的是狮子的声音，麋鹿毫无反应；最后放的是老虎的吼声，所有的麋鹿都同时昂起了头，查看声音的方向。随着一声声虎吼声，鹿群不是像其他动物一样四散而逃，而是集体循声而上，在声源前二十多米处的一个土堆上分三排排开，最前面的是雄鹿，第二排是母鹿，最后是小鹿！

说明狗和狮子在麋鹿的记忆里不构成威胁，狼的威胁也不是特别大，因其历史上未与狮子共存过，不知其凶猛，而老虎是其重要的天敌。虽然二者从汉代以后的一千多年几乎很少"打交道"，但老虎的凶猛已进入其种群基因，代代相传。

自然界的动物在我们人类的眼里，不过是一个有感知的生物而已。面对敌人的生死杀戮，有的虽无力反击，但它把仇恨深深地镌刻地种族记忆里，一代一代地传下去，过千秋、历万代而不忘。

每次去麋鹿保护区，工作人员都要打招呼，叫游客不要靠近麋鹿，也不要大声喧哗，说麋鹿生性胆小怕人，以免惊吓了它。虽然人类已圈养它们几百甚至上千年，但在它们的基因里，我们仍然是它们最大的天敌。每当有人进入保护区，它们都是躲得远远的，哪怕是工作人员为它送饲料，也得等工作人员离开，确认没有危险后才来就餐。

进入保护区，人们往往把麋鹿的回望视为美妙生灵对他们的眷顾。在我心里，它们是有灵魂的生命。在它们的灵魂里，我们是它们世代相传的敌人，在它们的眼里，我们是凶猛的"禽兽"。它们的回望，是一种世代相传的警惕，虽然我们手里已没有了长矛、弓箭，我们某些方面仍如野蛮时代一样。也许现在无论做多少努力，也抹不去它们灵魂里镌刻着的生死记忆！

我们不知道，这个地球上，还有多少生命这样看待我们。

麋鹿——湖北的一张重要名片

2016 年，中央印发了《长江经济带发展规划纲要》，确立了以
生态保护为优先的绿色高质量发展导向。作为长江经济带其中一
员的湖北省，以其多样的珍稀动物被人们所熟知。长江的江豚腾

跃，石首湿地的麋鹿漫步，神农架的金丝猴攀玩，这些都成为湖北一道亮丽的风景线。

一、江豚

江豚可能因为它的一张"笑脸"，总给人一种欢乐的感觉。尽管是江中"活化石"，但生性活泼像个孩子。江豚以小鱼虾为食，是生态环境的晴雨表，曾经因为长江生态破坏一度"销声匿迹"。近年来随着长江大保护成效卓越，作为"水中大熊猫"的江豚，因为水质变好，鱼虾增多，又"重现江湖"。

二、麋鹿

麋鹿因其奇特的外表，得名"四不像"，属于鹿科，是世界珍稀动物。别看它身形高大健硕，性格却较温驯，是神话故事里的常客。遗憾的是该种群于 1900 年在中国基本灭绝。1991 年根据科学家的研究考察，石首市天鹅洲湿地成为首个麋鹿野化放归基地。基地的建立对种群的恢复作用巨大，由原先的 94 头增加到目前的数千头。2018 年该保护区项目被联合国教科文组织称赞为"全球濒危物种保护的成功范例"。

三、金丝猴

神农架的金丝猴是川金丝猴家族的一员，因为一身金黄色的毛宛如金丝而得名。大家熟悉的《西游记》中齐天大圣的原型就是金丝猴。它们通常栖息在高山密林之中，以浆果、鸟蛋、苔藓等为食。神农架的龙潭金丝猴基地在海拔 2000 多米的地方，可见金丝猴们一身金丝有多耐寒了。经过基地工作人员的长期努力，以及生态环境的改善，这个种群得到了有效保护，数量不断增加。

2018 年，国家林业局野生动植物保护与自然保护区管理司将石首的麋鹿以及神农架的金丝猴列入了全国十大濒危物种保护案例之中。由于湖北对生态环境保护的坚持不懈，这些可爱的、美丽的生灵得以被世人所看见。对这些物种的保护经验也成为了可供世界借鉴的宝贵的成功经验，相信有效加以利用，能够挽救更多濒危的动物。

麋鹿保护：人文精神的象征

一、灭绝动物公墓

北京麋鹿苑有个著名的灭绝动物公墓，从麋鹿灭绝时间开始，以多米诺骨牌的形式修建的公墓。倒下的墓碑代表已经灭绝的动物，按照年代依次排列，墓碑上刻有动物的名称以及消失的年代；即将倒下的墓碑代表濒危物种；仍然立着的墓碑是现存物种的代表，却也不知道什么时候就会倒下，值得注意的是，"人类"的墓碑也在其中。这些墓碑的背后可能隐藏着我们看不见的但是却存在的墓志铭，上面写道："工业革命以来，以文明自诩却无限扩张，为所欲为的人类已使数百种动物因过度捕杀或丧失家园而遭灭顶之灾，当地球上最后一只老虎在人工林中徒劳地寻求配偶，当最后一只未留下后代的雄鹰从污浊天空坠向大地，当麋鹿的最后一声哀鸣在干涸了的沼泽上空回荡，人类也就看到了自己的结局。"①

值得庆幸的是每年清明时分，数以百计的大、中、小学生会

---

① 郭耕. 自然保护与人文精神［C］. 北京周末社区大讲堂集萃（第一辑）.

第五部分　荆楚链接·麋鹿

199

来到这个特殊的公墓悼念。这种新的踏青、扫墓的方式显示出我们在道德和伦理上的升华。原本仅限于人与人之间的道德伦理，例如尊老爱幼、互帮互助等，在人与其他生命之间得到了延展。这也是当今社会所强调的环境伦理和生态道德的体现。当然，这里的其他生命不全是指动物。就像在麋鹿苑中，还有一组名为《滥伐的结局》的雕像。从森到林、从林到木、从木到十字架，就是滥伐的结局。这组雕像深刻揭示了森林与我们的关系，也时刻提醒着我们，为了眼前的利益砍伐，很可能最终让我们失去生命的摇篮。愿路过这组雕像的人都能驻足几分钟，安静地感受一下其中的内涵。

二、一个关于生态环境的道德问题

生态环境的问题，其本质可能是人的问题。将近 200 年前，地球上的总人口是 10 亿人，而当下已经超过了 70 亿，我们赖以生存的资源与环境正遭受着来自人口膨胀和经济发展的双重压力，反过来又使我们不得不面对发展和保护的抉择。美国前副总统戈尔曾经发出这样的呼吁："环境问题不应该是一个政治异见问题，而是一个道德问题，我们要摒弃政治上的不同见解，共同来应对环境问题。"

生态环境究竟是怎样的道德？在灭绝动物公墓中，我们提到了超越人与人之间的道德，这便是生态环境道德。它是一种对环境、生态、地球进行保护的道德，是具有世界性质的，关乎全人类共同生存与可持续发展的道德。我们之所以要恪守这份道德，首先因为资源是稀缺的，环境的净化与消纳能力是有限的，无止境的索取和无限的排放无疑会对我们的生存基础造成伤害及威胁；其次，地球在长久的进化过程中，形成了一种自在和谐，我们不应该自大也没有权力去打破这一平衡；最后，无论什么力量，只有通过必要的道德准则对其进行约束，才能够防止被滥用。食用野生动物、扑杀鲸鱼、砍伐森林、倾倒塑料垃圾……这一桩桩一件件所带来的生态破坏和环境问题都时刻提醒着我们关注生态环境道德。

三、古人为情 今人为何

不论是影视还是文学作品，总能看到一句"问世间情为何物，直教人生死相许"。我们总是感动于诗句中的情谊，很多人却不知这情却是在大雁之间的。这首元好问的《雁丘词》乃是诗人从一只大雁被猎人射杀，其伴侣在空中盘旋悲鸣，最终结束了自己生命的事情中有所感悟而写下的。其后两句"天南地北双飞客，老翅几回寒暑"，更是写出了情之浪漫与生命之无奈。对于大雁之间的情谊，古人是艳羡的，对于射杀大雁的行为，他们同样是反对的。杜牧曾写道："何事春郊杀气腾，疏狂游子猎飞禽。劝君莫射南来雁，恐有家书寄远人。"他以一种诗意的方式提醒人们不要射杀南来北往的大雁，它们可以给远方的亲人传书。

自然界中的动物、植物等一切生命，可以视为先人传承下来的遗产，而对于遗产，今人有责任去保护并继续传承。古人为情尚不忍看大雁被射杀，我们今人又为何会麻木地接受生态环境被破坏？

四、心态与生态互动

心态的转变与升华或许有利于生态的可持续，两者相辅相成。面临生态危机，"开源节流"也只剩下后面两个字相对恰当，不是扩大开发力度，而是降低消费，崇尚节俭。在心态上，以心灵的开阔代替对资源的滥用，以审美的提升代替物质上的感官刺激，以艺术造诣代替财富聚敛。对于青少年而言，对其进行生态、心态双重教育更是不能轻视，向青少年传授知识的同时，要告诉他们人与自然的和谐，提醒他们保护自然的使命与责任，告诉他们忘本的后果。

达尔文曾说过："我相信，选择行为存在于自然界中，其完美程度不论怎样赞美都不过分。"毋庸置疑，大自然给我们创造了经济价值，同时它还包含如科学价值、遗传多样性价值，甚至是审美、宗教、文化等一系列价值。那么我们要如何对待这些价值，怎样对其进行保护和传承呢？借用一首诗中的句子："世间万事非吾事，只愧秋来未有诗。"这便说到了最初心态与生态的互动，意为人们要高尚其志，简约其行。

麋鹿重引入：石首向世界传递中国信心

在生态文明建设的政策和长江大保护实践要求下，石首麋鹿国家级自然保护区站在发展的高度，抓住机遇期，寻找保护工作的契合点，强力推进保护工作，实现了"动物重引入项目"的预期目标，向世界传递了中国信心。

一、麋鹿保护成为拯救濒危物种的成功范例

石首麋鹿是 1985 年从英国乌邦寺送归的 22 头麋鹿的后代。海归的麋鹿种群经历了引种还乡、行为再塑、野生放归 3 个阶段。1998 年，石首麋鹿首次在洪水中冲出围栏，迈出它们奔向大自然的第一步，再现它们祖先在故土自在生活的场景。如今，石首麋鹿已成为荆楚湿地的旗舰物种，也影响了大面积的其赖以生存的生态环境的保护工作。

麋鹿种群由 1993 年 10 月和 1994 年 12 月分两批从北京南海子麋鹿苑引进的 64 头发展到 1400 余头，并形成了核心区、江南三合垸、小河杨波坦及湖南洞庭湖四个种群，且全部实现了自然放养，恢复了野生习性，成为目前世界上最大的麋鹿野生种群。保护区内生物多样性丰富，现有高等植物 321 种，脊椎动物 320 种，其中鸟类 220 种，是黑鹳、东方白鹳、大鸨等国家一级保护鸟类的重要栖息地。

由于麋鹿的成功野生繁衍和保护区的突出工作成绩，保护区先后荣获北京科技进步奖和中华环保基金会、国际野生救援协会颁发的首届"中国野生资源保护金奖"，也因此被中国野生动物保

护协会授予"中国麋鹿之乡"的称号。

从异国他乡回归祖国，从人工围栏走向大自然，再从保护区走向周边湿地，石首麋鹿走出了一条和谐发展的回归之路，保护区也为国际社会拯救其他濒危物种提供了成功的范例。

二、科普教育重新唤起独特的麋鹿文化

从殷墟的甲骨文到民国的地方志，不仅记载了麋鹿生活的痕迹，同时也孕育了麋鹿文化。麋鹿文化以其深厚的底蕴以及独特的地域特点成为生态文化家族里的一颗明珠，也成为自然科学研究领域的重要课题之一。

对于石首麋鹿保护区而言，除了承担着拯救麋鹿的重要使命，更重要的是挖掘与传承麋鹿文化。保护区已联合其他社会组织，运用历史重现、创新载体等多种手段，宣传麋鹿文化。2013年，环保部和教育部联合命名石首市保护区为全国第一批"中小学环境教育社会实践基地"。市内多所学校成为"生态道德教育示范试点学校"。为了做好麋鹿文化的宣传工作，保护区出版了多种科普类型的读物，例如《石首麋鹿》《我是天鹅洲小麋鹿》《麋鹿回家》等。其中《麋鹿回家》更是走进中小学课堂，成为湖北省中小学教材。除了科普类读物，《麋鹿故事汇》《麋鹿翰墨情》等文学作品、诗书画集也陆续出版。另外，保护区还多次举办"麋鹿国际研讨会"，希望通过该研讨会提高保护区的国际影响力，一方面更好地保护麋鹿，另一方面也更为广泛地宣传麋鹿文化。

目前石首麋鹿保护区将湿地教育与麋鹿文化教育相结合，在全市中小学进行普及，进一步让石首麋鹿走进生活、走入社会、走到老百姓的心中。麋鹿文化已逐渐成为石首独特的区域文化，成为对外交往的一张不可或缺的名片，对当地的经济、社会、生态带来巨大效益。

三、规划实施引领保护区的良性发展

建区 20 余年来，在省环保厅的领导下，在各级党委政府和有关部门的关心支持下，保护区始终围绕"维持麋鹿生活习性的自然属性不变，维持麋鹿栖息地自然属性不变，维持保护区景观的自然属性不变"开展保护管理工作，管理成效十分显著，基础设施不断完善，管护能力不断提升，生态环境不断优化。

按照引入国际自然保护区建设与管理最新理念，高起点、高标准编制保护区总体发展规划，高水平、高层次建设保护区的要求，省环保厅安排专项资金，邀请英国 WWT 咨询有限公司、乌邦寺、布里斯托动物园编制了保护区总体发展规划，为保护区后续发展奠定了基础。规划于 2011 年 11 月通过了由中国工程院院士金鉴明任组长的专家评审，分别于 2012 年 3 月、2012 年 10 月通过了环保部和省人民政府的审核审批。2012 至今，保护区先后争取到国家级自然保护区生物多样性保护示范项目、国家发改委文化和自然遗产保护设施建设项目、长江中游荆江航道整治工程麋鹿保护区生态补偿项目、国务院三峡办三峡后续工作规划项目、省级财政能力建设资金等。保护区依据总体规划，结合项目要求，在基础设施、资源管护、麋鹿疫源疫病防控、科研监测、宣传教育等方面，分轻重缓急开展了卓有成效的工作，完成了总体规划第一阶段目标。2015～2016 年，环保部南京环科所组织由多学科专家参加的专家组，对保护区生物多样性进行了本底调查，撰写出版了《湖北石首麋鹿国家级自然保护区综合科学考察报告（本底调查）》。为系统评估总体规划第一阶段实施成效，解决下一个五年自然保护区面临的主要问题，确保总体规划总体目标分阶段实现和保护区健康发展，2017 年，保护区邀请环保部南京环科所合作编制了《湖北石首麋鹿国家级自然保护区管理计划（2017—2021 年）》。

参考资料

[1] 曹克清. 麋鹿研究 [M]. 上海：上海科技教育出版社，2005.

[2] 曹克清. 中国麋鹿 [M]. 上海：学林出版社，1988.

[3] 刘先平. 寻找失落的麋鹿家园 [M]. 深圳：海天出版社，2005.

[4] 戴居华. 麋鹿回故乡 [M]. 北京：中国环境科学出版社，2007.

[5] 北京麋鹿生态实验中心，北京麋鹿苑. 跨过灭绝边缘的麋鹿 [M]. 北京：化学工业出版社，2005.

[6] 丁玉华. 达氏麋鹿 [M]. 南京：南京师范大学出版社，2017.

[7] 曹克清. 中国的麋鹿 [J]. 野生动物，1983（4）：12-18.

[8] 杨戎生，张林源. 中国麋鹿种群现状调查 [J]. 动物学杂志，2003，38（2）：11-13.

[9] 丁玉华. 麋鹿的历史变迁与人类活动间的关系研究 [R]. 第六届海峡两岸国家公园暨自然保护区研讨会，2002：9-166.

[10] 徐宏祥. 四不像鹿属地理分布的变迁 [J]. 古脊椎动物学报，1985（23）：214-221.

[11] 张林源. 麋鹿之奇 [J]. 大自然，1999（6）：8.

[12] 曹克清. 野生麋鹿绝灭地区的初步探讨 [J]. 动物学研究，1982，3（4）：475-477.

[13] 丁玉华. 世界麋鹿数量及其分布 [J]. 野生动物，1995

（1）：42-43.

［14］郭耕. 奥运吉祥物我推荐麋鹿［J］. 中国中学生报，1996（10）：76.

［15］丁玉华，曹克清，中国麋鹿历史纪事［J］，野生动物，1998（2）：7-8.

［16］王玉玺. 从麋鹿的形态特点探讨其生境［J］. 野生动物，1983（5）：10-13.

［17］杨戎生. 麋鹿回归自然与湿地生态系统的保护［J］. 河北大学学报（自然科学版），1996（16）：62-65.

［18］于长青，梁崇歧，陆军. 半自然条件下麋鹿的生长发育与繁殖习性［J］. 兽类学报，1996（1）：19-24.

［19］马逸清. 中国的鹿文化［J］. 国土与自然资源研究，2002（2）：71-73.

［20］盛和林. 中国鹿科动物［J］. 生物学通报，1992（5）：4-7.

［21］李淑玲，马逸清. 中国鹿文化的始源与演变［J］. 东北林业大学学报（社会科学版），2009，7（5）：75-78.

［22］张波. 中国的鹿种野生动物［J］. 生物学教学，2008，33（6）：2-4.

［23］赵世臻. 历史沧桑话麋鹿［N］. 中国特产报，2003-07-04（04）.

［24］郭耕. 生态警告并非只是人类——从麋鹿的生存状态说起［J］. 环境教育，2001（8）：43.

［25］颜士州. "短命鬼"麋鹿的"简历"［J］. 科学之友：A版，20096：58-58.

［26］夏经世. 关于我国文献上麋鹿名称混乱错误的问题［J］. 自然科学史研究，1989（3）：268-271.

参考资料

［27］徐向林. 麋鹿归来［J］. 绿色视野，2017（3）：38-42.

［28］贾媛媛，刘立云. 世界最大麋鹿家园的背后［N］. 中国绿色时报，2009-10-16（04）.

［29］柳存兰. 从麋鹿重归故里说起……［N］. 中国档案报，2010-03-19（02）.

［30］戴劲松，魏梦佳. 濒临灭绝的麋鹿，近亲繁殖为何还能子孙强壮［N］. 新华每日电讯，2005-11-05（008）.

［31］刘立云，顾娴. 麋鹿的传说［J］. 森林与人类，2009（6）：28-33.

［32］杨戎生. 麋鹿回归自然与湿地生态系统的保护［R］. 中国动物学会北方六省市学术会议，1997.

［33］网易-湖北新闻. 完美！石首天鹅洲自然保护区喜观江豚麋鹿［EB-OL］.（2018-05-17）［2020-12-26］. http://hb.news.163.com/18/0517/15/DI15RNPQ04088MD8.html.